钩编圆滚滚的毛线包袋

日本 E&G 创意 / 编著

叶宇丰 / 译

中国纺织出版社有限公司

目 录

流苏束口包 ▷p.4

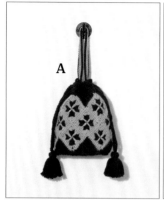 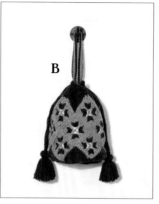

锯齿花样包 ▷p.6

阿兰花样包 ▷p.8

几何花样包 ▷p.10

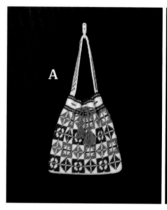 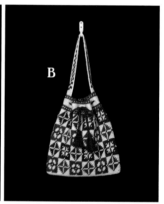

水桶包 ▷p.12

 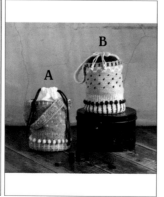

枣形针束口包 ▷p.14

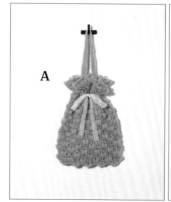 

花朵花片拼接包 ▷ p.16

圆形花片拼接包 ▷ p.18

花纹束口包 ▷ p.20

荷叶边束口包 ▷ p.22

毛球束口包 ▷ p.24

叶纹束口包 ▷ p.26

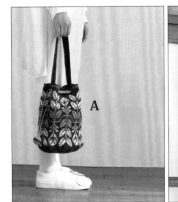

基础课程 ▷ p.28   重点课程 ▷ p.30   本书使用线材介绍 ▷ p.32   钩针编织基础 ▷ p.60

流苏束口包

制作方法 ▷ p.36
设计 ▷ 冈本启子
制作 ▷ 大场晶子

A

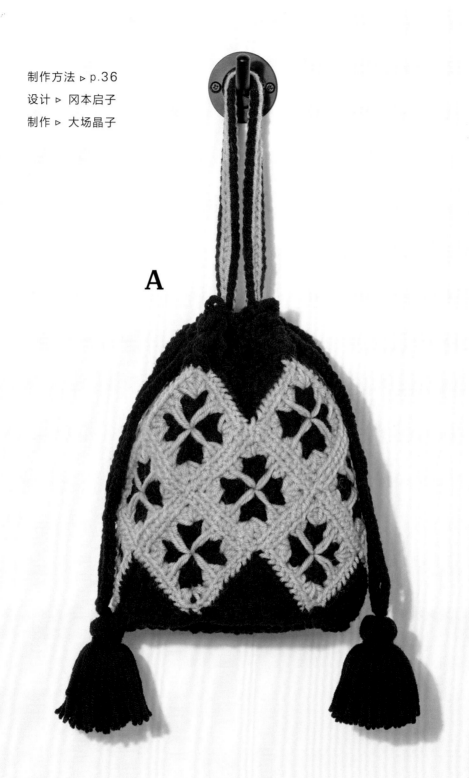

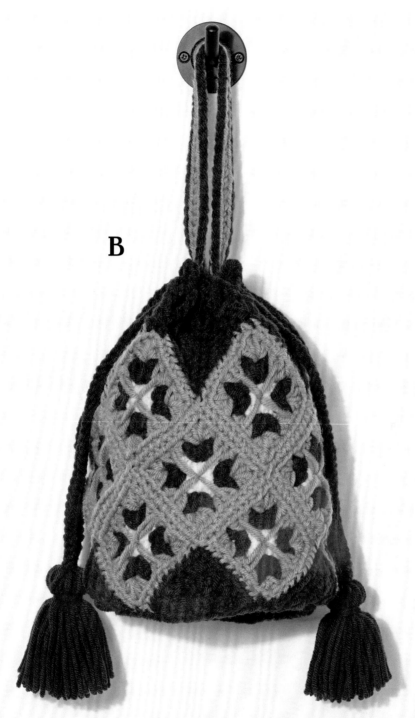

B

抽绳两端的流苏给人留下优雅的印象。
整体素净的配色，提在手上便能体现成熟感

锯齿花样包

制作方法 ▷ p.38
设计 & 制作 ▷ 冈鞠子

A

B

不同材质线材组合而成的锯齿花样包，
凹凸感使它显得尤为可爱。
较长的抽绳，更方便使用。

阿兰花样包

制作方法 ▷ p.33
重点课程 ▷ p.30
设计 ▷ 河合真弓
制作 ▷ 关谷幸子

A

温暖的阿兰花样，是冬季的经典款式。
舒适的使用感也令人倍感愉悦。

B

几何花样包

制作方法 ▷ p.40
设计 & 制作 ▷ 沟端裕美

A

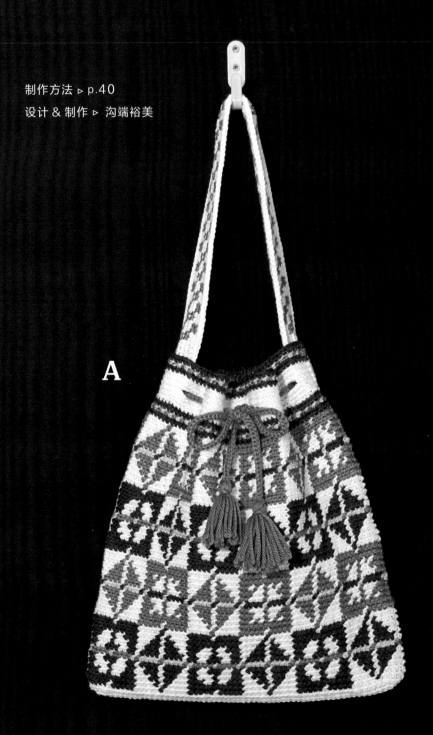

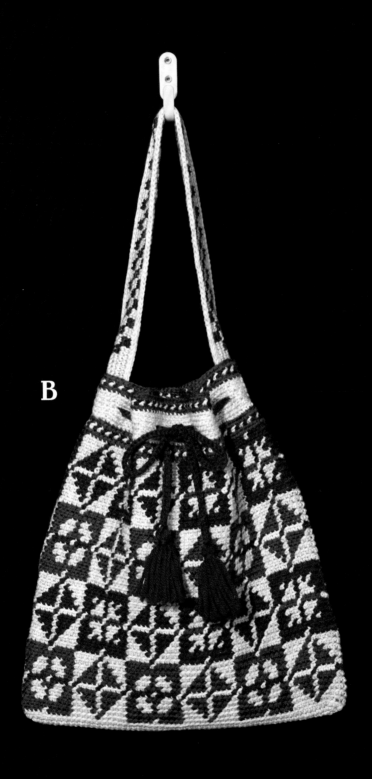

B

略显独特的几何花样，
可以成为穿搭的亮点。

水桶包

制作方法 ▷ p.47
设计 & 制作 ▷ 池上舞

包袋开口连接在主体上，
即使抽紧也能保持水桶状。
深深的口袋可以容纳更多的物品。

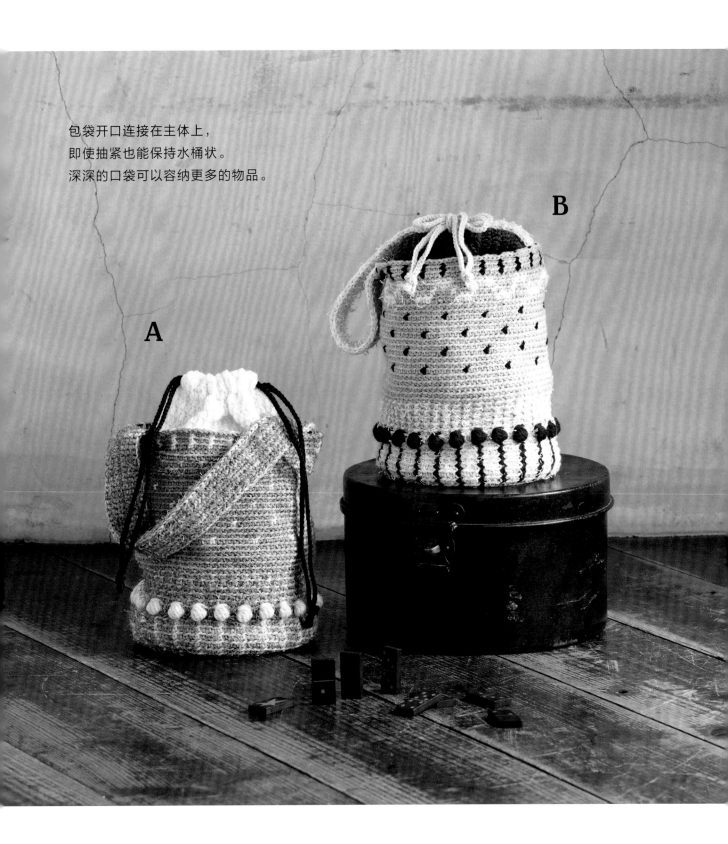

B

A

枣形针束口包

制作方法 ▷ p.42
设计 ▷ 河合真弓
制作 ▷ 栗原由美

A

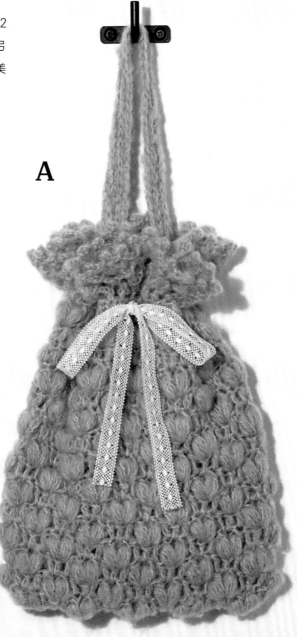

B

枣形针束口包上的蝴蝶结抽绳凸显出女性气质。
不同的颜色可以营造出完全不同的氛围。

花朵花片拼接包

制作方法 ▷ p.44
重点课程 ▷ p.30
设计 & 制作 ▷ 远藤裕美

A

B

使用不同线材制作便能给人留下不同印象的束口包。
如果不装背带，仅使用细线钩织，
即可做成同款小包。

圆形花片拼接包

制作方法 ▷ p.56
设计 & 制作 ▷ 池上舞

A

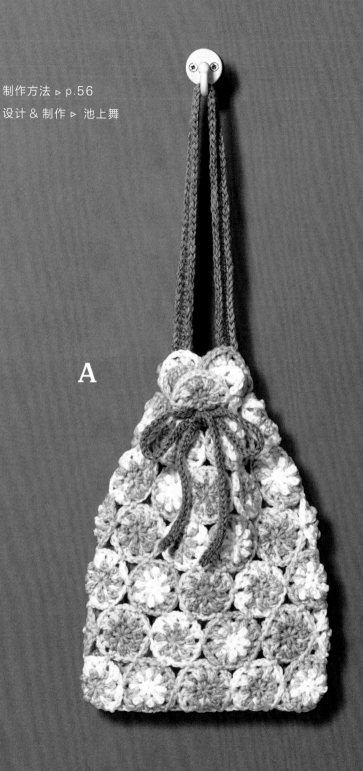

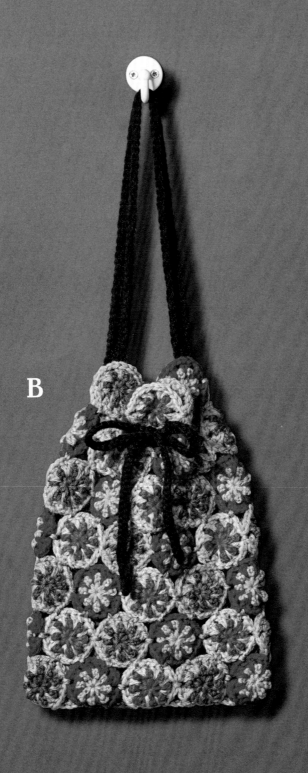

B

使用圆形花片拼接而成的束口包，
将相同的花片缝合在一起就能完成的简单款式。
享受一边缝合一边渐渐成型的过程吧。

花纹束口包

制作方法 ▷ p.52
设计 & 制作 ▷ 镰田惠美子

小小的尺寸，特别适合临时出一下门时使用。
作为内胆包使用也很可爱哦！

"Don't make
something unless
it's both necessary
and useful; but if
it's both necessary

荷叶边束口包

制作方法 ▷ p.54

重点课程 ▷ p.31

设计 & 制作 ▷ 镰田惠美子

A

使用马海毛钩编而成的荷叶边束口包，
与寒冬格外相称。
仅仅拿在手上心情就能变好呢！

B

毛球束口包

制作方法 ▷ p.50
设计 & 制作 ▷ 池上舞

A

钩织好主体，把毛球缝合在上面即可，
十分简单的毛球包。
适合使用"碎片时间"来制作。

B

A

叶纹束口包

制作方法 ▷ p.57
设计 ＆ 制作 ▷ 沟端裕美

B

大容量的叶纹束口包，
是本书中尺寸较大的款式。
花样在钩织过程中逐渐显现，
是配色花样的乐趣之一。

基础课程

配色线的换线方法（包入渡线钩织）

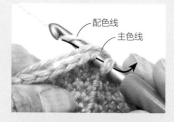

配色线
主色线

1 在钩织换线前一行最后的引拔针时，针上挂主色线，再按照箭头方向将配色线挂线引出。

2 换成配色线后的状态。

3 接着用配色线钩1针锁针作为起立针。

4 包入主色线继续钩短针。

5 钩织1针短针后的状态。继续按照箭头所示方向入针，包入主色线和配色线的线头钩织。

6 钩织6针短针后的状态。在这种钩配色线、不钩主色线的情况下，按照上述方法包入主色线继续钩织，最后结束时无需收线头。

流苏的制作方法

1 在指定尺寸的厚纸板上缠绕指定圈数。环中穿过同色线，紧紧打2次结固定。（为便于理解，图中用了不同颜色线进行演示）

2 剪开另一侧的线。

3 从厚纸板上取下流苏，在指定位置紧紧打2次结固定。

4 将打结的线头穿入缝针，藏入流苏中并剪断。按照所需尺寸将流苏修剪整齐。

包带引拔针的钩织方法

1 钩织好包带，在钩引拔针的起始位置入针，针上挂线引出。

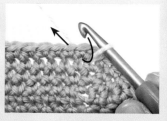

2 接线完成。接着在第2针处入针。

3 按照箭头所示方向将线引拔钩出。

4 钩织1针后的状态。

5 钩织5针引拔针后的状态。

6 按照图解继续钩织引拔针。

穿绳口的缝合方法

1 按照图解钩完指定行数后，钩3针锁针作为起立针，按照箭头所示方向在内侧半针中入针钩长针。

2 入针挂线后的状态。

3 在内侧半针上钩完1针长针后的状态。

4 钩至指定针数，翻面从内侧看的状态。

5 按照图解钩织指定行数的长针。从内侧看的状态。

6 缝针穿过剩下的半针和最终行的全针，卷针缝合在一起。

7 缝合数针后的状态。

8 穿绳口缝合完成。

重点课程

外钩长长针 2 针与长针 2 针的左上交叉针
图片 ▷ p.8　制作方法 ▷ p.33

1 针上绕线 2 次,跳过 2 针,将第 3、4 针的长针针脚整束挑起钩织外钩长长针。

2 在第 3 针上入针后的状态(a)。1 针外钩长长针完成(b)。按照同样的方法在第 4 针上钩织外钩长长针。

3 接着在外钩长长针后面的第 1、2 针上入针钩长针。

4 外钩长长针 2 针与长针 2 针的左上交叉针完成后的状态。

长针 2 针与外钩长长针 2 针的右上交叉针

1 针上挂线,在第 3、4 针上钩长针。

2 在第 3、4 针上钩了长针后的状态。接着针上绕线 2 次,按照箭头所示挑起第 1、2 针的长针针脚,钩织外钩长长针。

3 钩完 1 针外钩长长针后的状态。按照同样的方法在第 2 针上钩织外钩长长针。

4 长针 2 针与外钩长长针 2 针的右上交叉针完成后的状态。

花片的连接方法
图片 ▷ p.16　制作方法 ▷ p.44

1 如图所示,将第 2 片花片钩至连接前的状态。钩 4 针锁针,取下第 2 片花片上的钩针,将第 1 片花片的锁针整束挑起,按箭头方向引出线。

2 引拔完成后的状态。

3 钩 3 针锁针,在箭头位置钩引拔针。

4 花片的一角连接完成后的状态。接着再钩 3 针锁针。

5 取下钩针，在第1片花片的第3针上入针引出线。

6 连接完成后的状态。

7 接着钩2针锁针。

8 锁针完成后，在箭头所示位置钩引拔针。

荷叶边的钩织方法
图片 ▷ p.22
制作方法 ▷ p.54

9 引拔完成后的状态。

10 重复步骤 **1** ~ **9**，继续连接花片。

11 2片花片连接完成。

1 按照图解在荷叶边的起始位置入针接线。

2 钩3针锁针作为起立针，针上挂线，在箭头所示位置钩长针。

3 长针完成后钩1针锁针。

4 钩织数针后的状态。

5 第1行荷叶边完成。

31

本书使用线材介绍

※ 图片为实物粗细

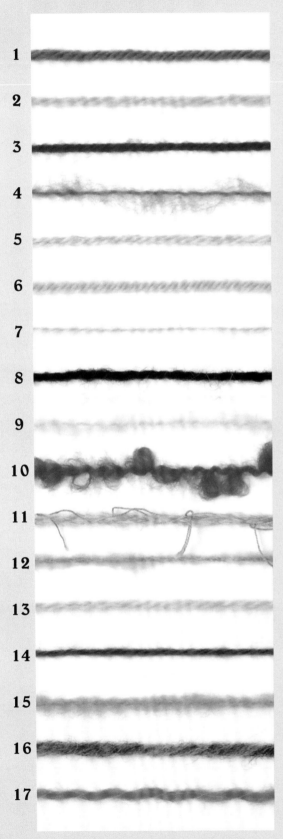

1
2
3
4
5
6
7
8
9
10
11
12
13
14
15
16
17

DAIDOH FORWARD 株式会社 PUPPY 事业部

1. Queen Anny
羊毛100%, 50g/团, 约97m, 55色, 钩针6/0号~8/0号

2. British Eroika
羊毛100%, 50g/团, 约83m, 35色, 钩针8/0号~10/0号

HAMANAKA 株式会社

3. Amerry
羊毛70%、腈纶30%, 40g/团, 约110m, 53色, 钩针5/0号~6/0号

4. Franc
羊毛80%、羊驼毛14%、尼龙6%, 30g/团, 约105m, 8色, 钩针7/0号

5. Exceed Wool L（中粗）
羊毛100%, 40g/团, 约80m, 39色, 钩针5/0号

6. Dreana
腈纶60%、羊毛40%, 50g/团, 约45m, 31色, 钩针6/0号

7. Hamanaka Mohair
腈纶65%、马海毛35%, 25g/团, 约100m, 34色, 钩针4/0号

横田株式会社·DARUMA

8. Cheviot Wool
羊毛100%, 50g/团, 约92m, 6色, 钩针7/0号~8/0号

9. Wool Mohair
马海毛56%、羊毛44%, 20g/团, 约46m, 11色, 钩针9/0号~10/0号

10. LOOP
羊毛83%、羊驼毛17%, 30g/团, 约43m, 7色, 钩针7mm~8mm

11. Sprout
羊毛74%、棉15%、涤纶11%, 40g/团, 约53m, 5色, 钩针9/0号~10/0号

12. Soft Tam
腈纶54%、尼龙31%、羊毛15%, 30g/团, 约58m, 15色, 钩针8/0~9/0号

13. DARUMA Merino（中粗）
羊毛100%, 40g/团, 约88m, 19色, 钩针6/0号~7/0号

14. Soft Lambs
腈纶60%、羊毛40%, 30g/团, 约103m, 32色, 钩针5/0号~6/0号

15. Wool Tam
羊毛100%, 50g/团, 约71m, 6色, 钩针7mm~8mm

16. Wool Roving
羊毛100%, 50g/团, 约75m, 7色, 钩针10/0号~7mm

17. GENMOU
羊毛（美丽奴羊毛）100%, 30g/团, 约91m, 20色, 钩针7/0号~7.5/0号

* 1~17从左往右分别为：材质→规格→线长→色号数目→适用针号。
* 色号数目的数据截止至2019年9月。
* 由于印刷的原因，可能存在色差。
* 为方便读者参考，全书线材型号均保留英文。
* 日本钩针型号数字越大，钩针越粗；10/0（直径6mm）以上以钩针直径代表型号。
* 我国钩针型号10/0以上钩针直径代表型号。

阿兰花样包 A、B 图片 ▷ p.8 重点课程 ▷ p.30

●准备材料
A ▷ PUPPY British Eroika/黄色
（206）300g
B ▷ PUPPY British Eroika/生成
色（134）300g

●用针
钩针7/0号
●成品尺寸
宽33cm，高28cm

●钩织方法 ※除指定部分外A、B通用
1 钩织底部。绕线环形起针，钩入6针短针。
2 从第2行开始，参照图解一边加针一边圈钩短针至第20行。
3 接着钩织包身侧面的花样。包袋开口处需每行改变钩织方向，往返钩织短针的棱针。
4 钩织包带。起95针锁针，挑锁针的里山钩短针。钩7行短针，在图解所示位置钩引拔针（参照p.28）。将包带缝合固定在两侧内部。
5 钩140针锁针制作抽绳。抽绳穿入穿绳口，制作流苏固定在抽绳两端。

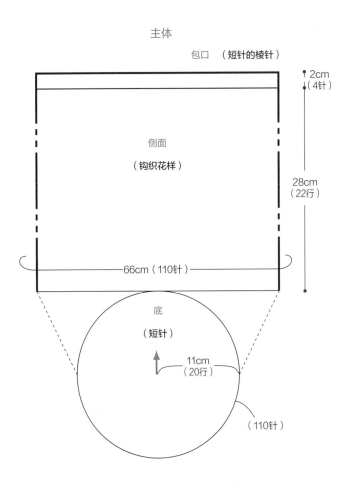

主体

包口 （短针的棱针）

2cm
（4针）

侧面
（钩织花样）

28cm
（22行）

66cm（110针）

底
（短针）

11cm
（20行）

（110针）

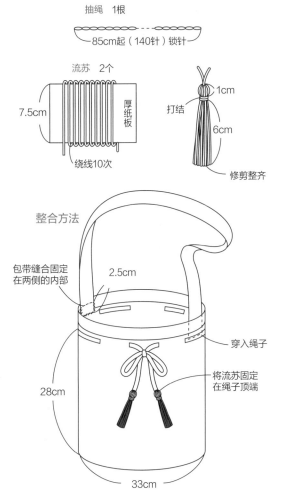

抽绳 1根
85cm起（140针）锁针

流苏 2个
7.5cm
厚纸板
绕线10次

打结
1cm
6cm
修剪整齐

整合方法

包带缝合固定
在两侧的内部
2.5cm

穿入绳子

28cm

将流苏固定
在绳子顶端

33cm

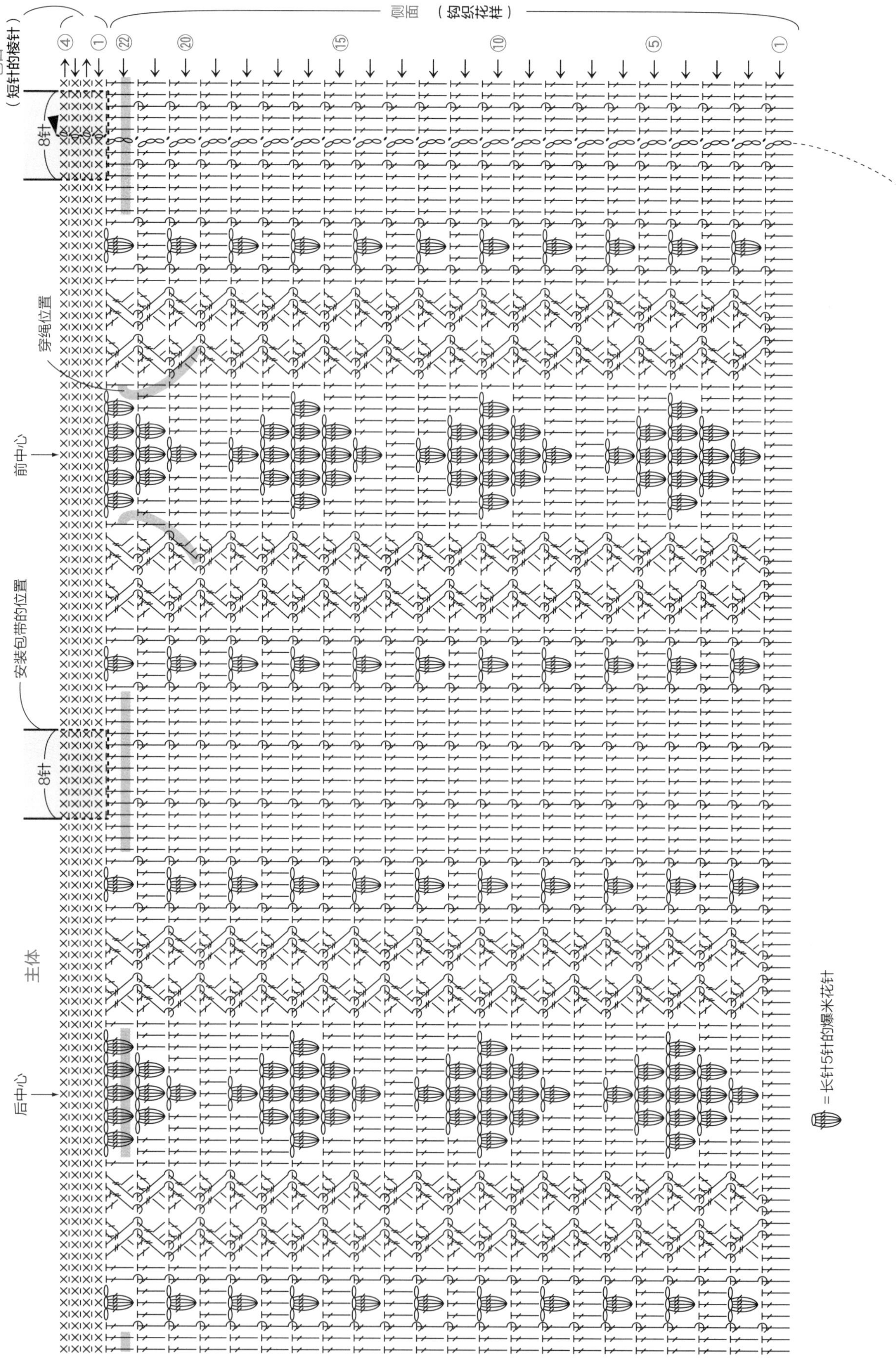
包口
（短针的棱针）
侧面（钩织花样）
④
①
㉒
⑳
⑮
⑩
⑤
①
8针
穿绳位置
前中心
安装包带的位置
8针
主体
后中心
=长针5针的爆米花针

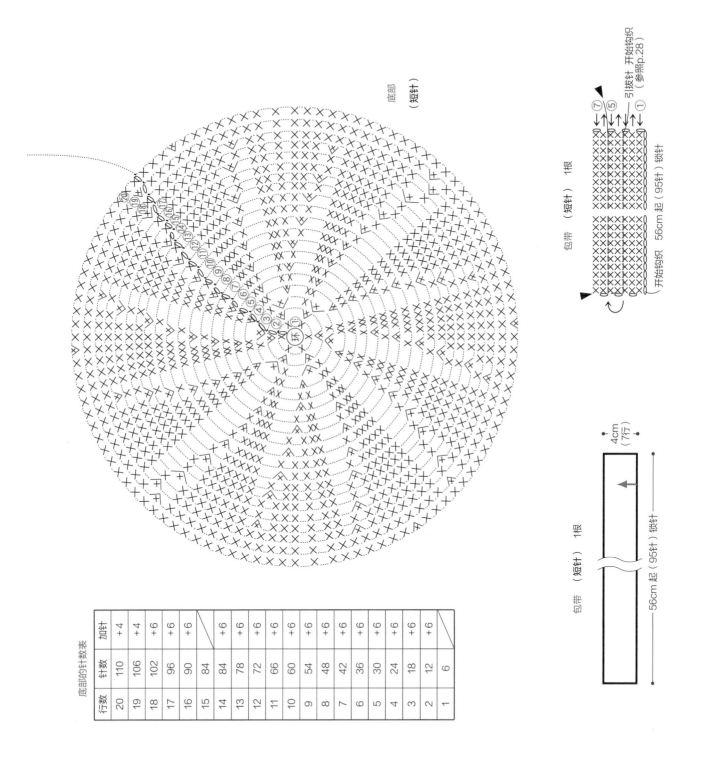

底部
（短针）

底部的针数表

行数	针数	加针
20	110	+4
19	106	+4
18	102	+6
17	96	+6
16	90	+6
15	84	
14	84	+6
13	78	+6
12	72	+6
11	66	+6
10	60	+6
9	54	+6
8	48	+6
7	42	+6
6	36	+6
5	30	+6
4	24	+6
3	18	+6
2	12	+6
1	6	

引拔针 开始钩织（参照p.28）

包带（短针）1根

56cm 起（95针）锁针

开始钩织

包带（短针）1根

4cm（7行）

56cm 起（95针）锁针

流苏束口包 A、B　图片 ▷ p.4

●准备材料
A ▷ HAMANAKA Dreana/黑色
（22）165g，米色（20）80g
B ▷ HAMANAKA Dreana/棕色
（18）145g，草黄色（26）80g，
生成色（21）20g

●用针
钩针6/0号

●成品尺寸
宽22.5cm、高21cm

●钩织方法　※除指定部分外A、B通用
1 钩织底部。绕线环形起针，钩入6针短针。
2 从第2行开始，参照图解一边加针一边圈钩短针至第11行。
3 钩织包身侧面的花片①。环形起针，钩8针短针。
4 第2行开始，按照配色表换色钩至第3行。
5 钩织花片②。环形起针，钩5针短针。第2行开始，参照图解每行变换方向往返钩织。
6 参照图解，组合花片①和花片②，花片正面朝外，半针卷针缝合。
7 组合底部和侧面，正面朝外，短针缝合。
8 钩织包带，起64针锁针，挑锁针的里山钩中长针。换色，钩引拔针的菱形针。将包带缝合固定在主体内侧。
9 钩织2条100针的双锁针绳作为抽绳。
10 制作流苏，固定在抽绳两端。

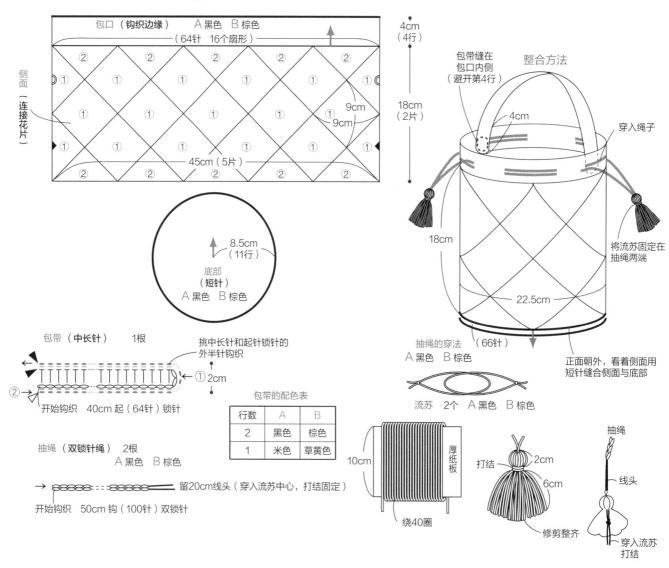

主体

包口（钩织边缘）　A 黑色　B 棕色
（64针　16个扇形）

侧面
（连接花片）

9cm
9cm

45cm（5片）

4cm
（4行）

18cm
（2片）

底部
（短针）
A 黑色　B 棕色

8.5cm
（11行）

包带（中长针）　1根

挑中长针和起针锁针的外半针钩织

①2cm

开始钩织　40cm 起（64针）锁针

包带的配色表

行数	A	B
2	黑色	棕色
1	米色	草黄色

抽绳（双锁针绳）　2根
A 黑色　B 棕色

留20cm线头（穿入流苏中心，打结固定）
开始钩织　50cm 钩（100针）双锁针

整合方法

包带缝在包口内侧（避开第4行）
4cm

穿入绳子

将流苏固定在抽绳两端

18cm

22.5cm

（66针）

正面朝外，看着侧面用短针缝合侧面与底部

抽绳的穿法
A 黑色　B 棕色

流苏　2个　A 黑色　B 棕色

10cm
厚纸板
绕40圈

打结
2cm
6cm
修剪整齐

抽绳
线头
穿入流苏打结

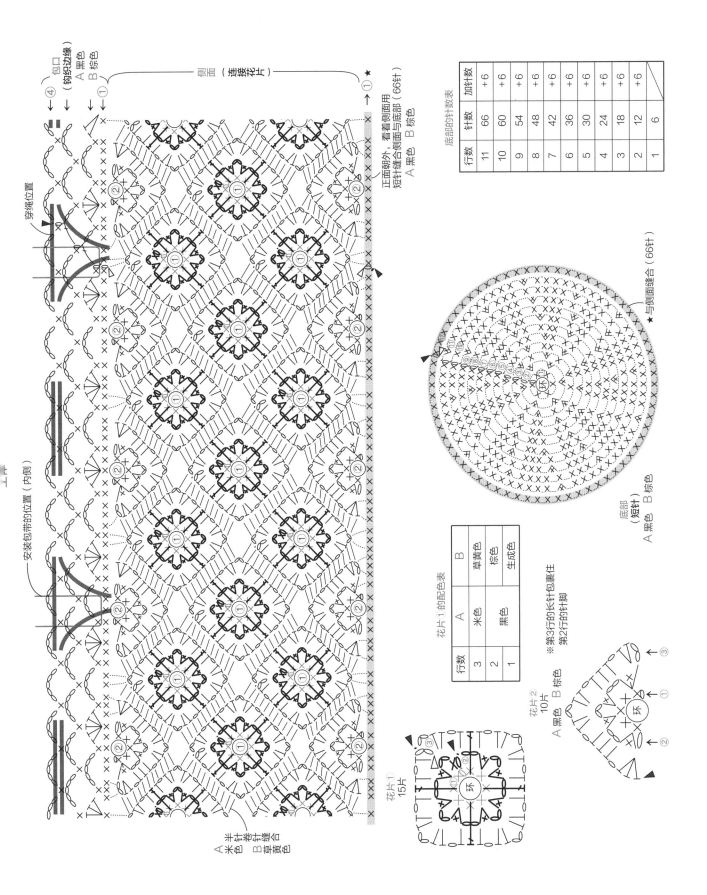

底部的针数表

行数	针数	加针数
11	66	+6
10	60	+6
9	54	+6
8	48	+6
7	42	+6
6	36	+6
5	30	+6
4	24	+6
3	18	+6
2	12	+6
1	6	

花片1的配色表

行数	A	B
3	米色	草黄色
2	黑色	棕色
1		生成色

※第3行的长针包裹住
第2行的针脚

锯齿花样包 A、B 图片 ▷ p.6

● 准备材料
A ▷ DARUMA Cheviot Wool/藏
蓝色（5）75g，灰色（2）35g
DARUMA LOOP/红色（2）
35g
B ▷ DARUMA Cheviot Wool/深
蓝色（4）55g，祖母绿（3）50g
DARUMA LOOP/米色（7）
45g

● 用针
钩针7/0号

● 成品尺寸
宽24cm、高19cm

● 钩织方法　※除指定部分外A、B通用
1 钩织底部。绕线环形起针，钩入8针短针。
2 从第2行开始，参照图解一边加针一边钩至第5行。
3 接着钩织包身侧面的花样，一边换色一边钩至第11行。
4 空开穿绳口，钩织包口的短针。第5行在第3行上钩引拔针。
5 起115针锁针钩包带，挑锁针的里山钩3行短针。接着绕包带钩一周
短针，熨烫平整。缝合固定在包身侧面的内侧。
6 从中间开始钩织抽绳。起55针锁针，挑锁针的里山钩引拔针。接着再
起55针锁针，同样地钩引拔针。抽绳穿入主体中。
7 钩织抽绳固定扣。起10针锁针作环，挑锁针的里山钩织3行短针。穿
过圆管中心，钩引拔针缝合。
8 抽绳穿过固定扣，绳子两端打结。

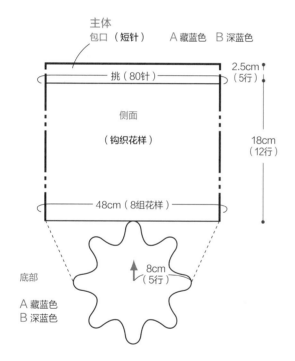

主体
包口（**短针**）　A 藏蓝色　B 深蓝色

挑（80针）

2.5cm
（5行）

侧面

（钩织花样）

18cm
（12行）

48cm（8组花样）

8cm
（5行）

底部

A 藏蓝色
B 深蓝色

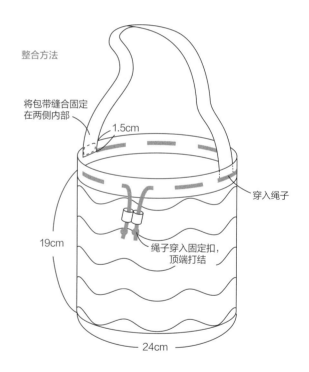

整合方法

将包带缝合固定
在两侧内部

1.5cm

穿入绳子

19cm

绳子穿入固定扣，
顶端打结

24cm

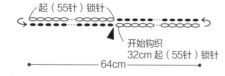

抽绳　1根　A 灰色　B 祖母绿

起（55针）锁针

开始钩织
32cm 起（55针）锁针

64cm

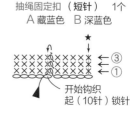

抽绳固定扣（**短针**）　1个
A 藏蓝色　B 深蓝色

★

←③
←①

开始钩织
起（10针）锁针

穿过圆管另一面的
针脚（★），钩引
拔针缝合

★

2cm

3cm

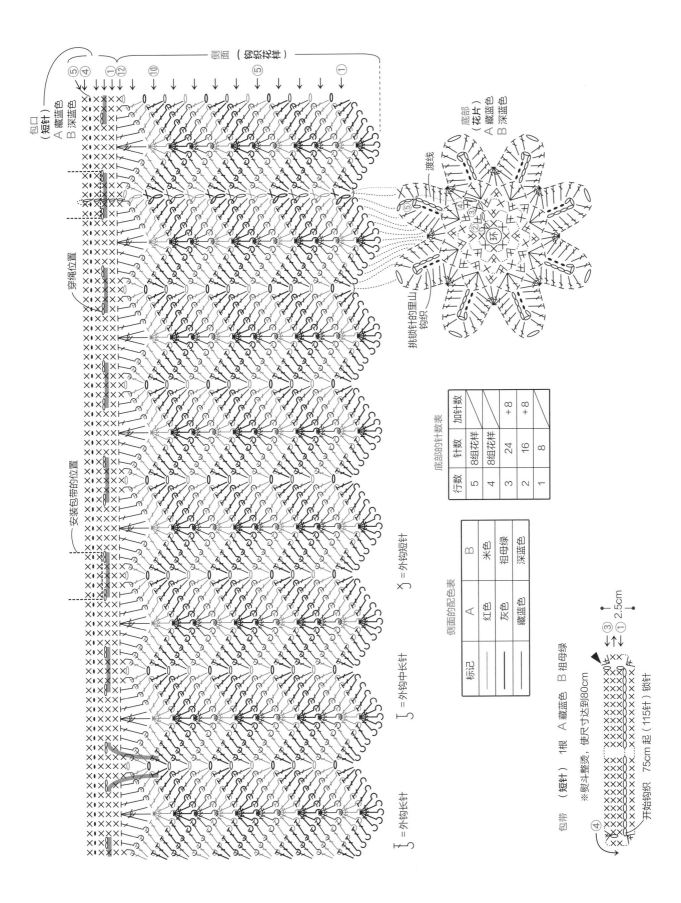

側面（钩织花样）

⑤④①⑫ ⑩ ⑤ ①

包口
（短针）
A 藏蓝色
B 深蓝色

底部
（花片）
A 藏蓝色
B 深蓝色

渡线

挑锁针的里山
钩织

穿绳位置

安装包带的位置

行数	针数	加针数
5	8组花样	
4	8组花样	
3	24	+8
2	16	+8
1	8	

底部的针数表

= 外钩短针

标记	A	B
	红色	米色
	灰色	祖母绿
	藏蓝色	深蓝色

侧面的配色表

= 外钩中长针

= 外钩长针

包带（短针）1根 A 藏蓝色 B 祖母绿

※熨斗整烫，使尺寸达到80cm

开始钩织 75cm 起（115针）锁针

③
① 2.5cm

几何花样包 A、B 图片 ▷ p.10

● 准备材料

A ▷ PUPPY Queen Anny/生成色（880）105g、青色（965）65g，绀青色（828）55g，黄色（934）15g

B ▷ PUPPY Queen Anny/米色（812）105g，蔷薇色（817）65g，枯草色（945）55g，水蓝色（106）15g

● 用针
钩针6/0号

● 成品尺寸
宽27cm、高25cm

● 钩织方法 ※除指定部分外A、B通用

1 钩织底部。起58针锁针，挑锁针的里山钩织短针，接着挑剩余2根锁针线继续钩织另一侧的短针。

2 参照图解，一边在两侧加针一边钩3行短针。

3 接着钩织主体短针条纹针的配色花样，并在第50行开穿绳口。

4 钩织包带。起114针锁针，使用与底部同样的方法挑针钩织4行短针的配色花样，接着钩织引拔针（参照p.28）。缝合固定在两侧内部。

5 钩织抽绳。起170针锁针，挑锁针的里山钩引拔针，将抽绳穿过穿绳口。

6 制作流苏，固定在抽绳两端。

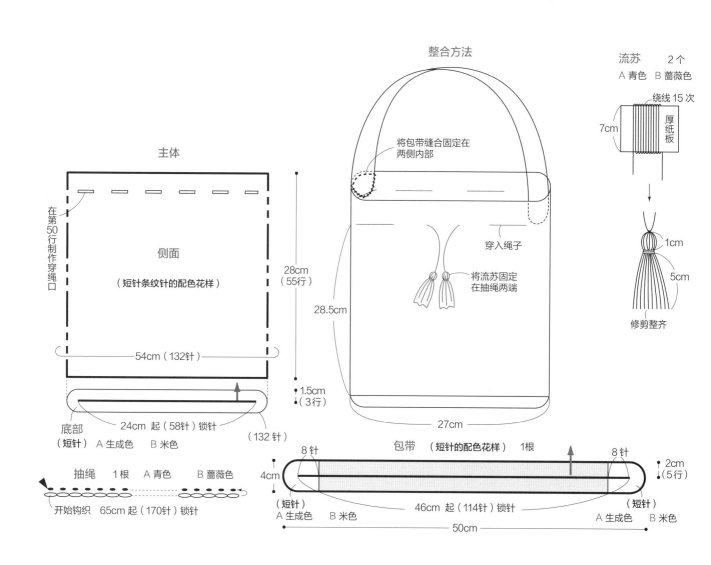

整合方法

流苏　2个
A 青色　B 蔷薇色

绕线15次

7cm　厚纸板

将包带缝合固定在两侧内部

1cm

5cm

修剪整齐

主体

侧面

（短针条纹针的配色花样）

在第50行制作穿绳口

28cm（55行）

28.5cm

1.5cm（3行）

54cm（132针）

24cm 起（58针）锁针

底部（短针）A 生成色 B 米色

（132针）

穿入绳子

将流苏固定在抽绳两端

27cm

抽绳　1根　A 青色　B 蔷薇色

开始钩织　65cm 起（170针）锁针

包带　（短针的配色花样）　1根

8针

4cm

（短针）A 生成色 B 米色

46cm 起（114针）锁针

8针

2cm（5行）

（短针）A 生成色 B 米色

50cm

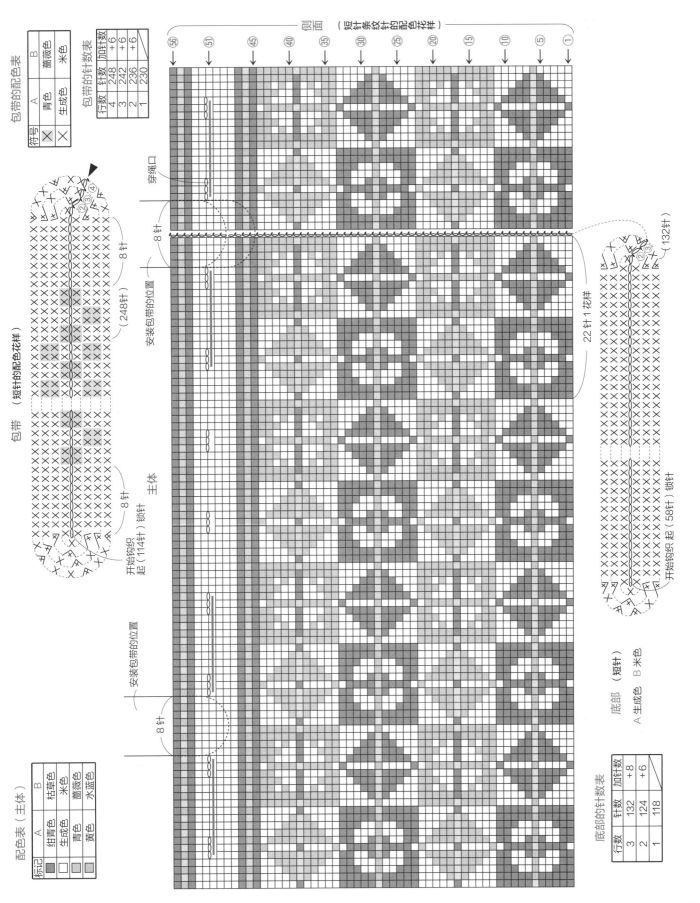

包带的配色表

符号	A	B
✕	青色	蔷薇色
✕	生成色	米色

包带的加针数表

行数	针数	加针数
4	248	+6
3	242	+6
2	236	+6
1	230	

包带（短针的配色花样）

侧面（短针条纹针的配色花样）

穿绳口

安装包带的位置

8针

（248针）

22针1花样

主体

开始钩织起（114针）锁针

安装包带的位置

8针

底部（短针）
A 生成色 B 米色

（132针）

开始钩织起（58针）锁针

底部的针数表

行数	针数	加针数
3	132	+8
2	124	+6
1	118	

配色表（主体）

标记	A	B
	绀青色	枯草色
	生成色	米色
	青色	蔷薇色
	黄色	水蓝色

枣形针束口包 A、B 图片 ▷ p.14

● 准备材料
A ▷ HAMANAKA Franc/灰色
（202）55g
　　白色蕾丝 1.5cm宽 80cm

B ▷ HAMANAKA Franc/橘色
（204）55g
雪纺丝带 2.3cm宽 橘色88cm
缎面丝带 0.6cm宽 橘色88cm

● 用针
钩针7/0号
● 成品尺寸
宽23cm、高21.5cm

● 钩织方法　※除指定部分外A、B通用

1 钩织底部。起29针锁针，挑锁针的里山钩织花样，接着挑剩余2根锁针线继续钩织花样。

2 钩织13行侧面花样和1行穿绳口。

3 在包口处钩织4行边缘花样。

4 钩织包带。起60针锁针，挑锁针的里山钩织3行短针。

5 看着正面钩织包带上的引拔针（参照p.28）

6 将包带缝合固定在两侧内部。

7 穿入丝带，在后侧中心内部缝合固定。

主体　　　A 灰色　　B 橘色

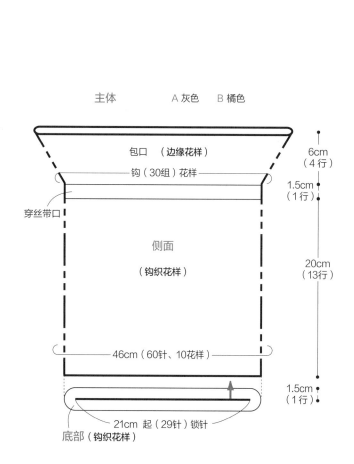

整合方法

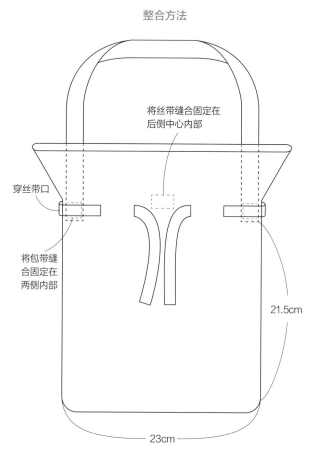

B 缎面丝带重叠在上方

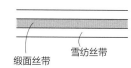

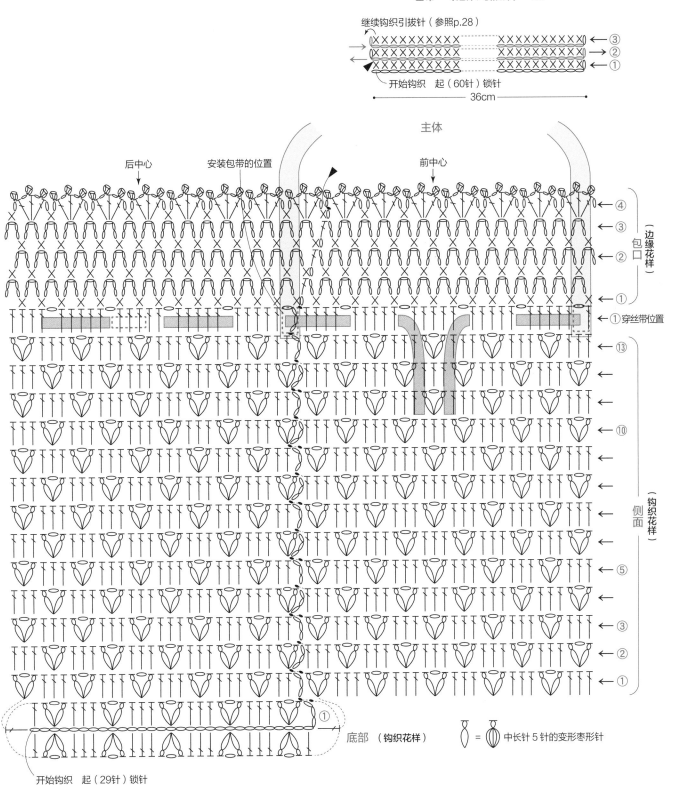

包带 （短针、引拔针） 1根

继续钩织引拔针（参照p.28）

←③
→②
←①

开始钩织 起（60针）锁针

36cm

主体

后中心　　安装包带的位置　　　前中心

←④
←③（边缘花样）
←②　　包
←①　　口

①穿丝带位置

←⑬

←⑩

←⑤　（钩织花样）　侧
　　　　　　　　　面
←③

←②

←①

= 中长针5针的变形枣形针

底部（钩织花样）

①

开始钩织　起（29针）锁针

43

花朵花片拼接包 A、B 图片 ▷ p.16 重点课程 ▷ p.30

●**准备材料**

A ▷〈钱包款〉: DARUMA
GENMOU/藏青色（14）40g,
生成色（1）、可可棕色（3）、雾蓝
色（5）、橙色（19）各10g

B ▷〈背带款〉: DARUMA Wool
Tam/深灰色（6）100g, 蓝色
（4）45g, 金黄色（2）30g,
生成色（1）25g

●**用针**

A ▷ 钩针5/0号

B ▷ 钩针7/0号

●**成品尺寸**

A ▷ 宽18cm、高14cm

B ▷ 宽28cm、高23cm

●**钩织方法**　※除指定部分外A、B通用，除指定外均用1根线钩织

1 钩织底部。起4针锁针，挑锁针的里山钩织短针，接着挑剩余的2根锁针线，继续钩织另一侧的短针。

2 参照图解，一边在两侧加针一边圈钩至12行。

3 钩织包身侧面的花片。起5针锁针作环，钩入8针短针。从第2行开始，参照配色表，一边换色一边钩至第4行。

4 第2片开始，参照图解A、B、C、D的配色钩织，钩第4行时连接。

5 从包身侧面挑针钩织包口的短针，钩织过程中留出穿绳口。

6 接着换线钩织边缘。

7 底部与侧面正面相对重叠，钩短针缝合。

8 钩织抽绳，穿入穿绳口。

〈背带款〉

9 起130针锁针钩织包带，挑锁针里山钩1行短针。再钩1行，接着绕圈钩1周引拔针。将包带缝合固定在包身侧面的外侧。

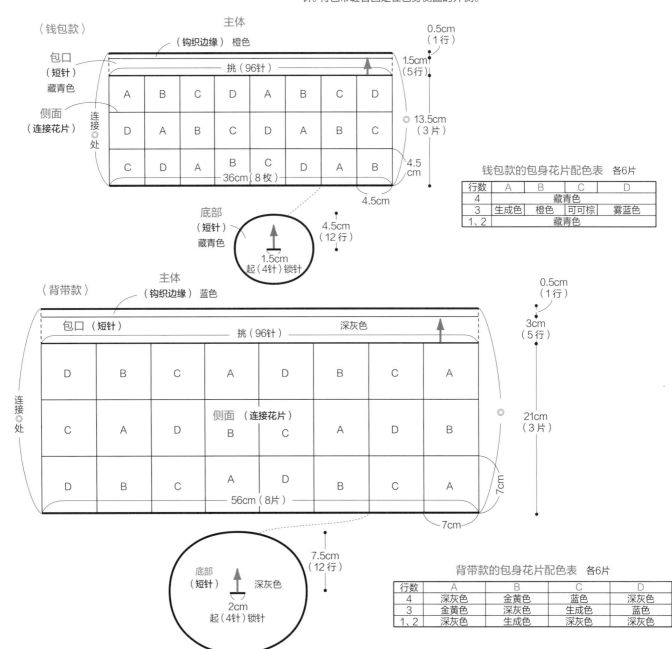

钱包款的包身花片配色表　各6片

行数	A	B	C	D
4	藏青色			
3	生成色	橙色	可可棕	雾蓝色
1、2	藏青色			

背带款的包身花片配色表　各6片

行数	A	B	C	D
4	深灰色	金黄色	蓝色	深灰色
3	金黄色	深灰色	生成色	蓝色
1、2	深灰色	生成色	深灰色	深灰色

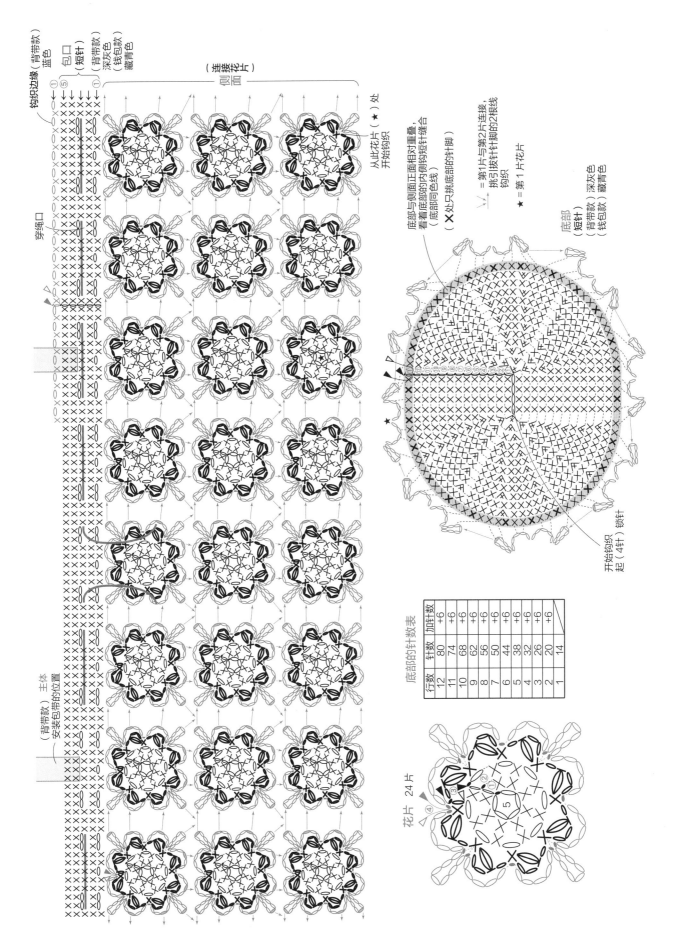

钩织边缘（背带款）蓝色
包口（短针）
（背带款）深灰色
（钱包款）藏青色

（连接花片）
侧面

从此花片（★）处
开始钩织

底部与侧面正面相对重叠，看着底部的内侧钩短针缝合（底部同色线）
（×处只挑底部的针脚）

= 第1片与第2片连接，挑引拔针针脚的2根线钩织
= 第1片花片
★= 第1片花片

底部（短针）
（背带款）深灰色
（钱包款）藏青色

穿绳口

开始钩织
起（4针）锁针

底部的针数表

行数	针数	加针数
12	80	+6
11	74	+6
10	68	+6
9	62	+6
8	56	+6
7	50	+6
6	44	+6
5	38	+6
4	32	+6
3	26	+6
2	20	+6
1	14	

（背带款）主体
安装包带的位置

花片 24片

45

〈钱包款〉 橙色

（钩织边缘）

← ①
← ⑤ 包口

〈背带款〉

包带（短针） 1根 蓝色

← ③
→ ②
← ①

2cm

开始钩织
80cm 起（130针）锁针

抽绳

（背带款） 深灰色

开始钩织

约80cm
起（130针）锁针

〈钱包款〉

藏青色（2股钩织）

约52cm
起（130针）锁针

橙色   开始钩织   橙色

※钱包款先将抽绳穿入穿绳口再钩
两侧的枣形针

收线头时，将线
头在枣形针针脚
处绕线2次

〈钱包款〉
整合方法

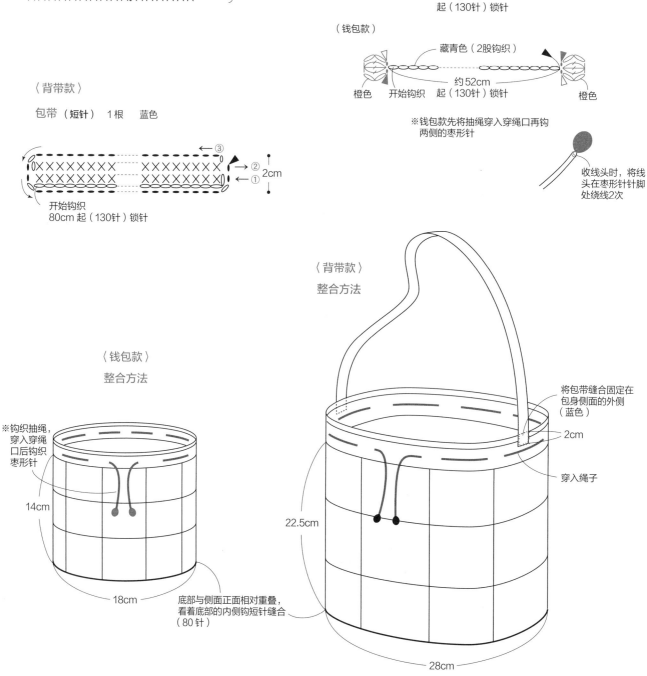

※钩织抽绳，
穿入穿绳
口后钩织
枣形针

14cm

18cm

底部与侧面正面相对重叠，
看着底部的内侧钩短针缝合
（80针）

〈背带款〉
整合方法

将包带缝合固定在
包身侧面的外侧
（蓝色）

2cm

穿入绳子

22.5cm

28cm

水桶包 A、B 图片 ▷ p.12

●准备材料

A ▷ DARUMA Merino（中粗）/
软木色（4）60g, 黄色（20）15g
DARUMA Sprout/浅灰色×
绿色（2）60g
DARUMA Soft Lambs/生成
色（2）25g, 藏青色（38）5g

B ▷ DARUMA Merino（中粗）/
薄雾绿（16）60g, 深绀青（19）
15g
DARUMA Sprout/生成色（1）
60g
DARUMA Soft Lambs/橄榄
绿（27）25g, 香草色（8）5g

●用针
钩针6/0号、7/0号

●成品尺寸
宽24cm、高20.5cm

●钩织方法 ※除指定部分外A、B通用

1 钩织底部。绕线作环起针, 钩入6针短针。

2 第2行开始, 参照图解一边加针一边钩短针至第16行。

3 接着钩织包身侧面的短针条纹针配色花样。在第38行钩引拔针。

4 挑第34行剩余的半针包口的长针。翻折到内侧, 与第10行的剩余半针缝合在一起（参照p.29）。

5 钩织包带, 起70针锁针, 挑锁针的里山钩短针, 接着挑剩余的2根锁针线继续钩另一侧的短针。

6 参照图解, 一边在两侧加针一边钩3行短针。接着钩1行引拔针。缝合固定在包身侧面的内侧。

7 起150针锁针制作抽绳, 挑锁针的里山钩引拔针, 将抽绳穿过穿绳口。

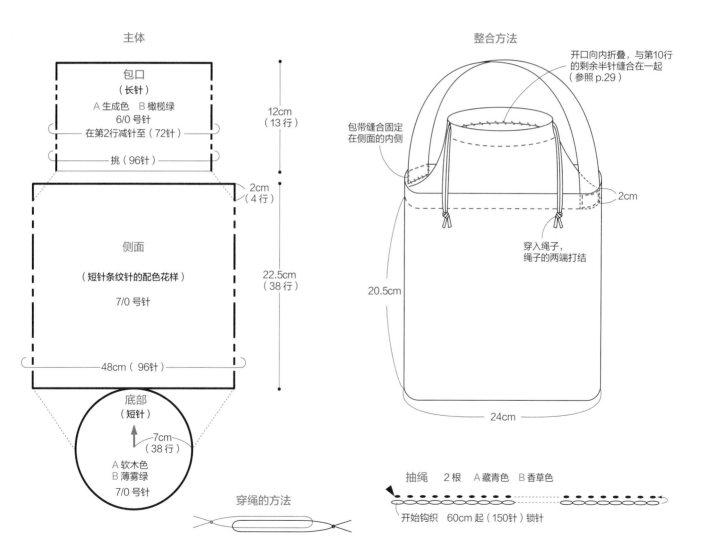

主体

包口
（长针）
A 生成色 B 橄榄绿
6/0 号针
在第2行减针至（72针）
挑（96针）

12cm
（13行）

2cm
（4行）

侧面
（短针条纹针的配色花样）
7/0 号针

22.5cm
（38行）

48cm（96针）

底部
（短针）
7cm
（38行）
A 软木色
B 薄雾绿
7/0 号针

穿绳的方法

整合方法

开口向内折叠, 与第10行的剩余半针缝合在一起（参照 p.29）

包带缝合固定在侧面的内侧

2cm

穿入绳子, 绳子的两端打结

20.5cm

24cm

抽绳 2根 A 藏青色 B 香草色

开始钩织 60cm 起（150针）锁针

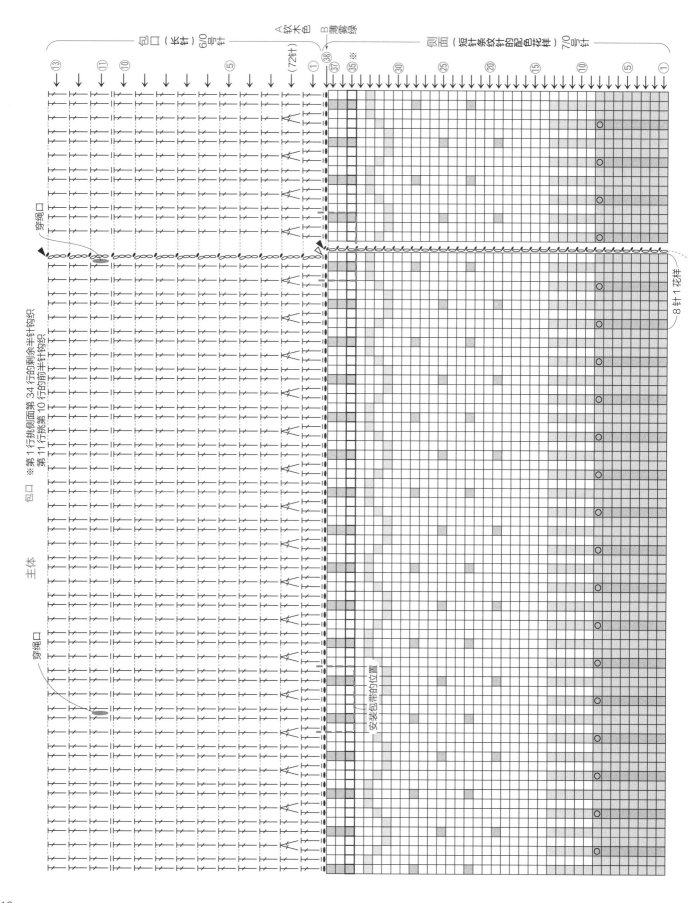

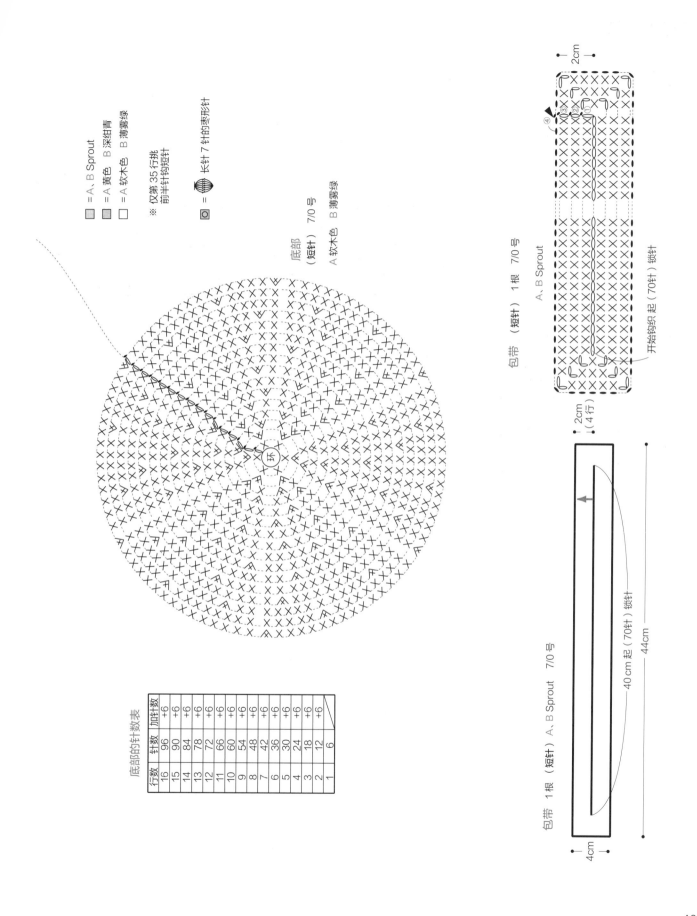

■ =A、B Sprout
■ =A 黄色　B 深绀青
□ =A 软木色　B 薄雾绿

※ 仅第 35 行挑
前半针钩短针

⊚ = 长针 7 针的枣形针

底部
（短针）　7/0 号

A 软木色　B 薄雾绿

底部的针数表

行数	针数	加针数
16	96	+6
15	90	+6
14	84	+6
13	78	+6
12	72	+6
11	66	+6
10	60	+6
9	54	+6
8	48	+6
7	42	+6
6	36	+6
5	30	+6
4	24	+6
3	18	+6
2	12	+6
1	6	

环

包带 1 根（短针） A、B Sprout　7/0 号

包带（短针）　1 根　7/0 号

A、B Sprout

开始钩织起（70针）锁针

2cm

2cm
（4 行）

40 cm 起（70针）锁针

44cm

4cm

毛球束口包 A、B　图片 ▷ p.24

● 准备材料

A ▷ HAMANAKA Exceed Wool L（中粗）/浅
棕色（331）165g
HAMANAKA Mohair/浅棕色（90）、棕色
（92）各15g

B ▷ HAMANAKA Exceed Wool L（中粗）/蓝
色（348）130g，浅灰色（327）35g，灰色
（328）10g
HAMANAKA Mohair/浅粉色（72）20g，
黄色（31）、绿色（102）各5g

● 用针

钩针5/0号

● 成品尺寸

宽23cm、高16.5cm

● 钩织方法　※除指定部分外A、B通用

1 钩织底部。绕线作环起针，钩入6针短针。
2 从第2行开始，参照图解一边加针一边钩短针
至第18行。
3 接着不加不减钩包身侧面的短针至第40行。包
口钩织长针，第1行减针，并制作穿绳口。
4 包口翻折到内侧，与第40行的剩余半针缝合在
一起。
5 起228针锁针制作抽绳，挑锁针的里山钩引拔
针，穿过主体。
6 制作毛球，缝合固定到指定位置。

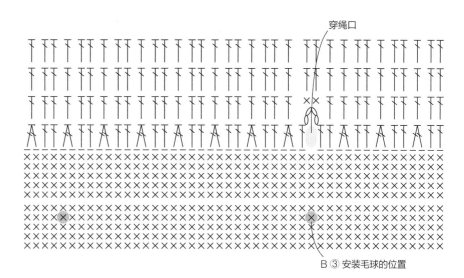

穿绳口

B ③ 安装毛球的位置

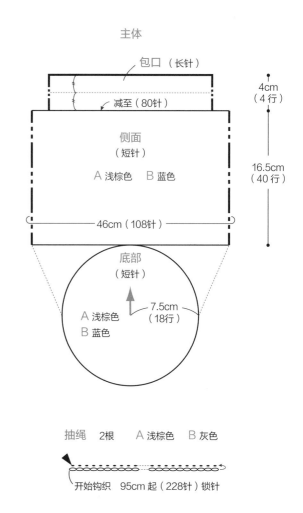

主体

包口（长针）

减至（80针）

4cm
（4行）

侧面
（短针）

A 浅棕色　B 蓝色

16.5cm
（40行）

46cm（108针）

底部
（短针）

7.5cm
（18行）

A 浅棕色
B 蓝色

抽绳　2根　　A 浅棕色　B 灰色

开始钩织　95cm 起（228针）锁针

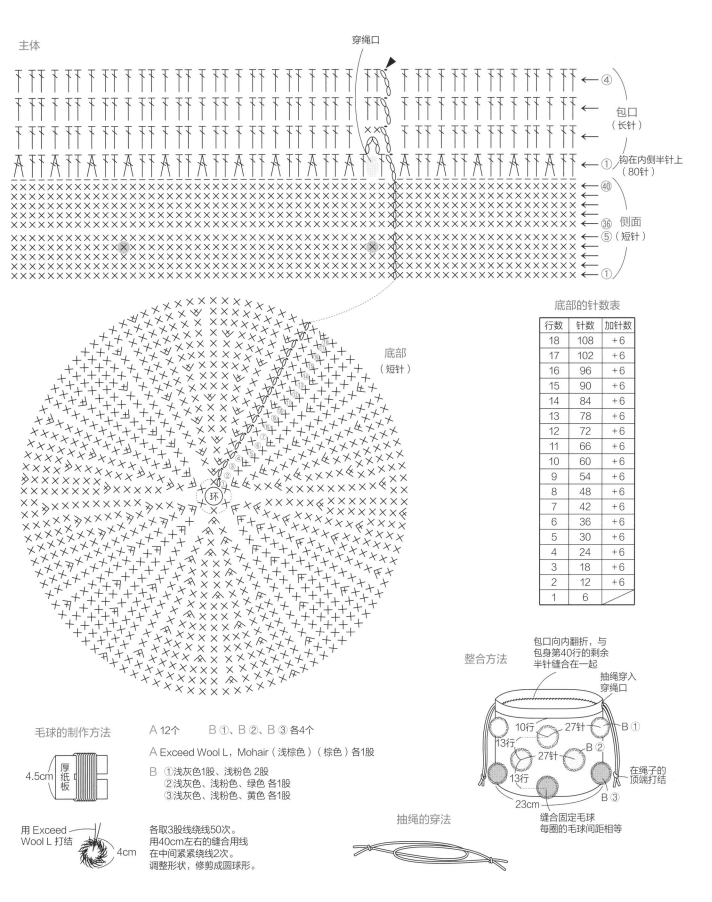

主体

穿绳口

包口（长针）

① 钩在内侧半针上（80针）

④

侧面

⑤（短针）

底部（短针）

环

底部的针数表

行数	针数	加针数
18	108	+6
17	102	+6
16	96	+6
15	90	+6
14	84	+6
13	78	+6
12	72	+6
11	66	+6
10	60	+6
9	54	+6
8	48	+6
7	42	+6
6	36	+6
5	30	+6
4	24	+6
3	18	+6
2	12	+6
1	6	

毛球的制作方法

A 12个　　B①、B②、B③ 各4个

A Exceed Wool L，Mohair（浅棕色）（棕色）各1股

B ①浅灰色1股、浅粉色 2股
　②浅灰色、浅粉色、绿色 各1股
　③浅灰色、浅粉色、黄色 各1股

厚纸板
4.5cm

用 Exceed Wool L 打结
4cm

各取3股线绕线50次。
用40cm左右的缝合用线
在中间紧紧绕线2次。
调整形状，修剪成圆球形。

整合方法

包口向内翻折，与包身第40行的剩余半针缝合在一起

抽绳穿入穿绳口

10行　27针　B①

13行　B②

27针

13行　B③

23cm

缝合固定毛球
每圈的毛球间距相等

在绳子的顶端打结

抽绳的穿法

花纹束口包 A、B　图片 ▷ p.20

●准备材料

A ▷ PUPPY Queen Anny/群青
色（827）75g，芥黄色（104）、
绿色（935）各15g

B ▷ PUPPY Queen Anny/浅灰色
（832）75g，白色（802）30g

●用针

钩针6/0号

●成品尺寸

宽19cm、高20.5cm

●钩织方法　※除指定部分外A、B通用

1 钩织底部。绕线作环起针，钩入8针短针。

2 从第2行开始，参照图解一边加针一边钩短针至第15行。

3 接着钩织包身侧面的短针条纹针配色花样至第34行。包口钩织
花样。

4 钩织包带，起60针锁针，挑第1行锁针的里山钩2行短针，参照图解钩
1圈引拔针。将包带缝合固定在包身侧面的内侧。

5 起100针锁针制作抽绳，挑锁针的里山钩引拔针，穿过包口。

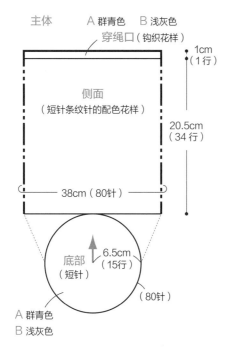

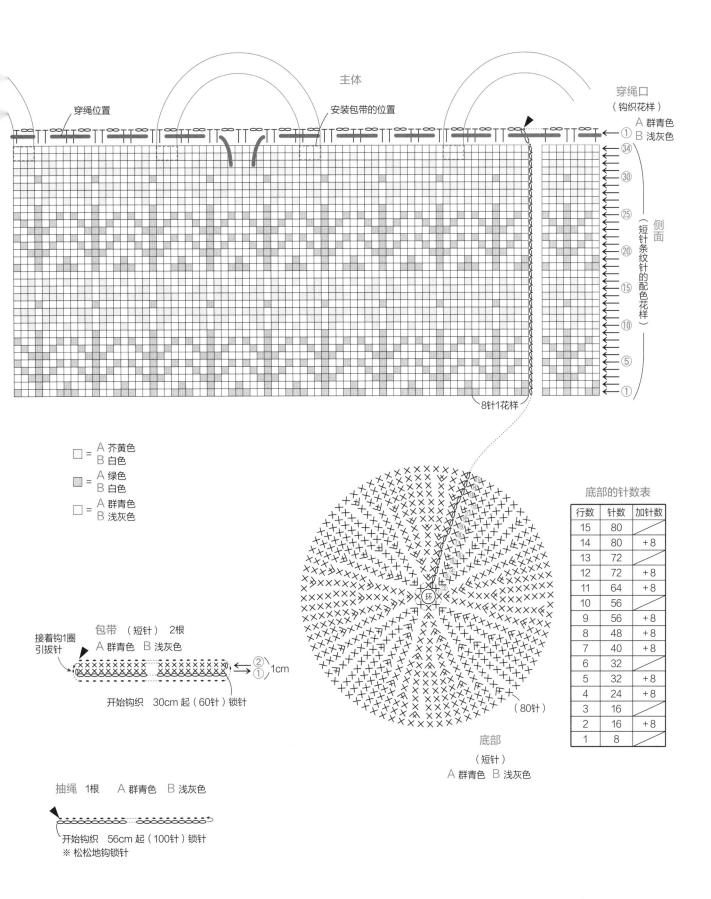

主体

穿绳口
（钩织花样）

穿绳位置

安装包带的位置

A 群青色
B 浅灰色

① ← 34 30 ⑳ 20 ⑮ 15 ⑩ 10 ⑤ 5 ①

侧面
（短针条纹针的配色花样）

8针1花样

□ = A 芥黄色
　　B 白色

▨ = A 绿色
　　B 白色

□ = A 群青色
　　B 浅灰色

底部的针数表

行数	针数	加针数
15	80	
14	80	+8
13	72	
12	72	+8
11	64	+8
10	56	
9	56	+8
8	48	+8
7	40	+8
6	32	
5	32	+8
4	24	+8
3	16	
2	16	+8
1	8	

环

（80针）

底部
（短针）
A 群青色 B 浅灰色

接着钩1圈
引拔针

包带 （短针） 2根
A 群青色 B 浅灰色

② ①
1cm

开始钩织 30cm 起（60针）锁针

抽绳 1根 A 群青色 B 浅灰色

开始钩织 56cm 起（100针）锁针
※ 松松地钩锁针

53

荷叶边束口包 A、B　图片 ▷ p.22　　重点课程 ▷ p.31

●准备材料
A ▷ DARUMA Soft Tam/黑色
（12）70g
DARUMA Wool Mohair/黑色（7）20g
直径3mm的绳子（黑色）1.5m
B ▷ DARUMA Soft Tam/蓝灰色
（16）70g
DARUMA Wool Mohair/薄荷绿（3）20g
直径3mm的绳子（水蓝色）1.5m

●用针
钩针8/0号、10/0号
●成品尺寸
宽23cm、高15.5cm

●钩织方法　※除指定部分外A、B通用
（荷叶边部分以外都使用8/0号针钩织Soft Tam线）
1 钩织底部。绕线作环起针，钩入6针短针。
2 从第2行开始，参照图解一边加针一边钩短针至第13行。
3 接着钩织包身侧面的花样至第27行。包口钩锁针和引拔针。
4 在包身条纹针剩余的前半针上钩织荷叶边花样。
5 绳子穿过包口，在两端缝合装饰小球。

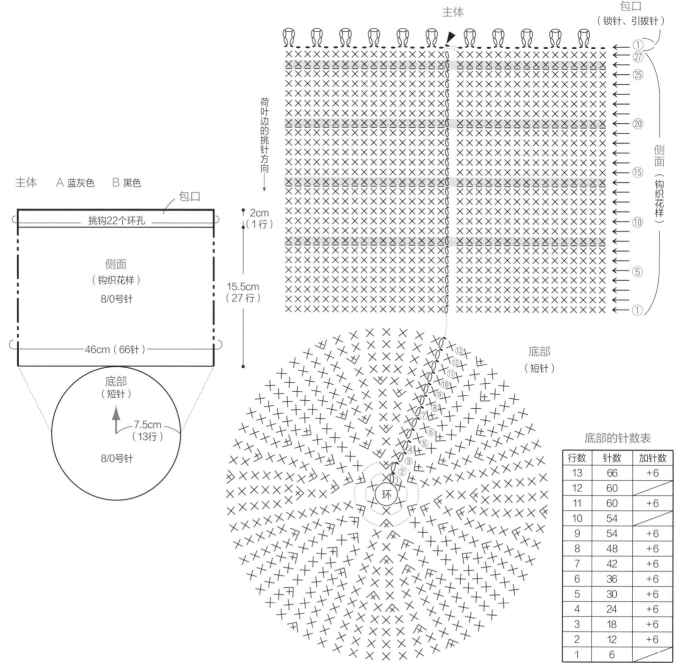

主体　A 蓝灰色　B 黑色

包口

挑钩22个环孔

侧面
（钩织花样）
8/0号针

46cm（66针）

底部
（短针）

↑ 7.5cm
（13行）

8/0号针

荷叶边的挑针方向

主体

包口
（锁针、引拔针）

2cm
（1行）

15.5cm
（27行）

侧面
（钩织花样）

底部
（短针）

底部的针数表

行数	针数	加针数
13	66	+6
12	60	
11	60	+6
10	54	
9	54	+6
8	48	+6
7	42	+6
6	36	+6
5	30	+6
4	24	+6
3	18	+6
2	12	+6
1	6	

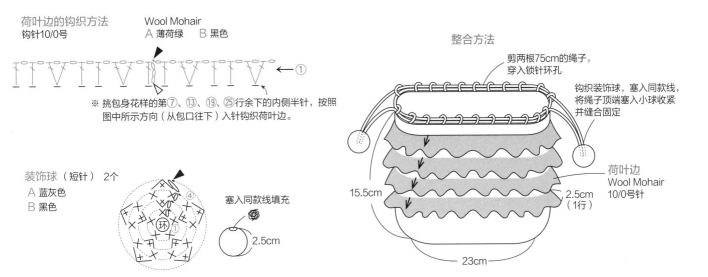

荷叶边的钩织方法
钩针10/0号

Wool Mohair
A 薄荷绿　B 黑色

※ 挑包身花样的第⑦、⑬、⑲、㉕行余下的内侧半针，按照图中所示方向（从包口往下）入针钩织荷叶边。

装饰球（短针）　2个
A 蓝灰色
B 黑色

塞入同款线填充

2.5cm

整合方法

剪两根75cm的绳子，穿入锁针环孔

钩织装饰球，塞入同款线，将绳子顶端塞入小球收紧并缝合固定

荷叶边
Wool Mohair
10/0号针

2.5cm（1行）

15.5cm

23cm

★花片的连接方法

（连接线）
A 柠檬黄
B 草绿色

—— 绕3次连接

按照侧面→两侧→底部的顺序连接

将两侧摊平连接

安装包带的位置

主体
（连接花片）

※ 连接时注意不要破坏花片正面的纹路，穿入织物内部渡线

绳子穿入花片空隙间

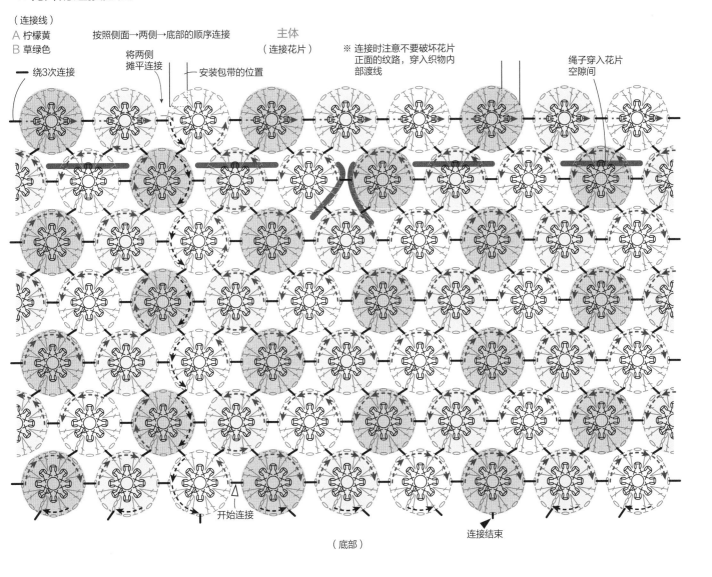

开始连接

连接结束

（底部）

圆形花片拼接包 A、B　图片 ▷ p.18

●准备材料
A ▷ HAMANAKA Amerry/纯白
色（51）25g，冰蓝色（10），
米色（21）各15g，蜜桃粉
（28），灰黄色（1），灰色（22）
各10g，柠檬黄（25）5g
B ▷ HAMANAKA Amerry/珊瑚
粉（27）25g，雾蓝色（39），
红色（5）各15g，洋红色
（32），灰粉色（26），自然黑
（24）各10g，草绿色（13）5g

●用针
钩针6/0号
●成品尺寸
宽18cm、高20cm

●钩织方法　※除指定部分外A、B通用
1 钩织花片。绕线作环起针，钩入8针短针与锁针。第2行参照图解换色钩织。
2 参照花片配色表，每色花片各钩21片。
3 用缝针连接花片。参照图解，将相邻的花片绕线3次缝合在一起。缝针穿入织物内部渡线，无需断线。
4 钩织包带，起80针锁针，挑锁针的里山钩短针，继续挑锁针针脚的剩余2根线，在另一侧钩短针。接着钩1周引拔针。将包带缝合固定在主体的内侧。
5 钩织抽绳，起136针锁针，挑锁针的里山钩引拔针。将抽绳穿入主体。

主体
（连接花片）

连接◎处

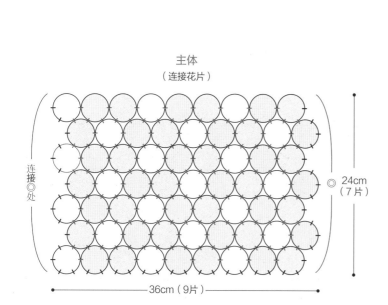

◎24cm
（7片）

36cm（9片）

整合方法

将包带缝合固定
在主体的内侧

1cm

20cm

18cm

绳子穿入花片
空隙间

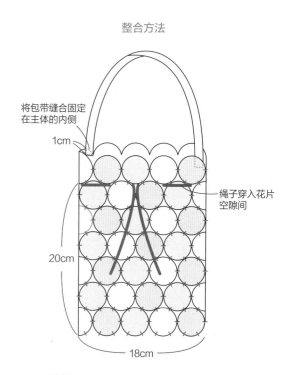

花片
63片

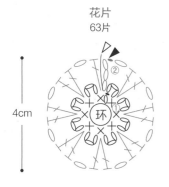

4cm

花片的配色表
每色（21片）

花片	行数	A	B
○	2	冰蓝色	雾蓝色
	1	蜜桃粉	洋红色
○	2	米色	红色
	1	纯白色	珊瑚粉
○	2	纯白色	珊瑚粉
	1	灰黄色	灰粉色

抽绳　1根
A 灰色　B 自然黑

开始钩织　54cm 起（136针）锁针

包带 （短针）1根
A 灰色　B 自然黑

1.5cm

开始钩织　35cm 起（80针）锁针

36cm

★花片的连接方法参照p.55

叶纹束口包 A、B 图片▷ p.26

●准备材料
A ▷ PUPPY Queen Anny/红色
（990）100g，粉色（102）、奶
油色（869）各35g，蔷薇色
（817）30g，浅灰色（832）、
枯草色（945）、灰色（991）各
15g
B ▷ PUPPY Queen Anny/绀青
色（828）100g，芥黄色
（104）、灰色（991）各35g，
深灰色（946）30g，浅灰色
（832）、绿色（935）、枯草色
（945）各15g

●用针
钩针6/0号
●成品尺寸
宽28cm、高25.5cm

●钩织方法 ※除指定部分外A、B通用
1 钩织底部。绕线作环起针，钩入7针短针。
2 从第2行开始，参照图解一边加针一边钩短针至第20行。
3 接着钩织包身侧面的短针条纹针配色花样至第49行，钩1行长针的
条纹针做穿绳口，包口钩4行短针条纹针的配色花样。
4 钩织包带，起110针锁针，挑锁针的里山钩短针，接着挑锁针针脚的
剩余2根线继续钩织。一边换色一边钩至第4行，按照图解钩入引拔
针（参照p.28）。将包带缝合固定在包身侧面的内侧。
5 钩织抽绳，起170针锁针，挑锁针的里山钩引拔针，将抽绳穿入
主体。
6 钩织装饰球。绕线作环起针，钩入8针短针。第2行开始，参照图解
一边加减针一边配色钩织。将小球缝合在抽绳两端。

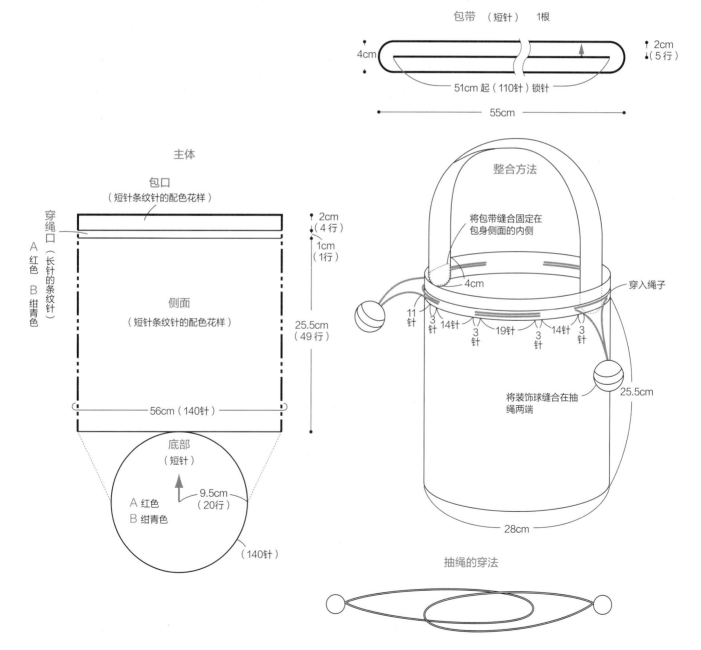

57

包身侧面的配色表

符号	A	B
■	枯草色	
■	蔷薇色	深灰色
○	灰色	绿色
×	浅灰色	
■	粉色	灰色
■	奶油色	芥黄色
□	红色	绀青色

装饰球
（短针）
2个

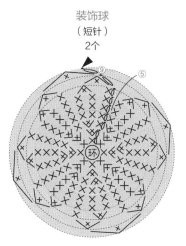

■ =A、B 枯草色

■ = A 粉色
B 灰色

塞入同款线

4cm

装饰球的针数表

行数	针数	加减针
9	4	−4
8	8	−8
7	16	−8
6	24	
5	24	
4	24	
3	24	+8
2	16	+8
1	8	

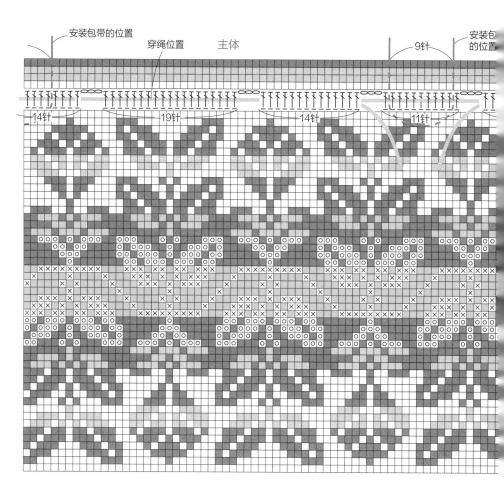

安装包带的位置　穿绳位置　主体　9针　安装包的位置

14针　19针　14针　11针

包带 （短针）1根　□=A 红色　B 绀青色　■=A、B 枯草色　●=A、B 浅灰色

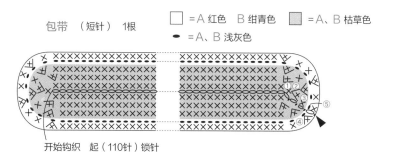

开始钩织　起（110针）锁针

抽绳　2根　A 粉色　B 灰色

开始钩织　65cm 起（170针）锁针

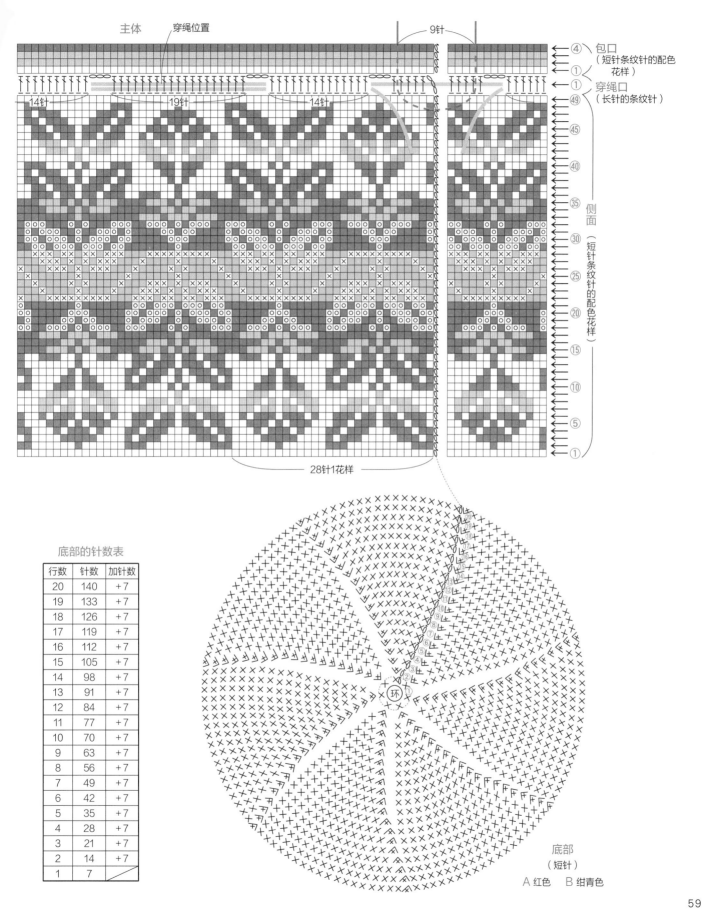

主体　穿绳位置

9针

④ 包口
（短针条纹针的配色
花样）
①

① 穿绳口
（长针的条纹针）

49

14针　19针　14针

45

40

35 侧面
（短针条纹针的配色
花样）

30

25

20

15

10

5

1

28针1花样

底部的针数表

行数	针数	加针数
20	140	+7
19	133	+7
18	126	+7
17	119	+7
16	112	+7
15	105	+7
14	98	+7
13	91	+7
12	84	+7
11	77	+7
10	70	+7
9	63	+7
8	56	+7
7	49	+7
6	42	+7
5	35	+7
4	28	+7
3	21	+7
2	14	+7
1	7	

环

底部
（短针）

A 红色　B 绀青色

钩针编织基础

符号图的理解方法

本书中的钩织符号均按照日本工业标准（JIS）规定，表现的是织片正面所呈现的状态。钩针编织不区分正针和反针（内钩针和外钩针除外），正面和反面交替钩织时，钩织符号的表示是相同的。

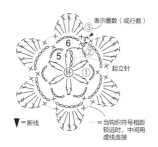

③＝表示圈数（或行数）

起立针

▼＝断线

┈┈＝当钩织符号相距较远时，中间用虚线连接

从中心开始进行环形钩织时

在中心作环形（或锁针）起针，依照环形逐圈钩织。每圈起始位置都需要先钩起立针（起立的锁针）再继续钩织。一般是将织片正面朝上，按从右往左的顺序进行钩织。

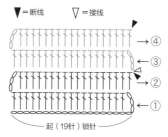

▼＝断线　▽＝接线

起（19针）锁针

往返钩织时

起立针分别位于织片的左右两侧。当起立针位于织片右侧时，在织片正面按照图示从右往左进行钩织。当起立针位于织片左侧时，在织片反面按照图示从左往右进行钩织。图中表示在第3行根据配色进行换线。

带线和持针的方法

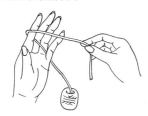

1 将线穿过左手的小指和无名指，绕过食指，置于手掌前。

2 用拇指和中指捏住线头，竖起食指使线绷紧。

3 用右手拇指和食指持针，中指轻轻抵住针头。

起始针的钩织方法

1 将钩针放在线的内侧，按箭头所示方向转动钩针。

2 再将线挂在针上。

3 将钩针从线圈中拉出。

4 拉线头收紧线圈，基本针便完成了（此针不计入针数中）。

起针

从中心开始进行环形钩织时
（绕线制作线环起针）

1 在左手食指上绕线两圈制作线环。

2 从食指上取下环后用手捏住，钩针插入环中，按照箭头所示方向挂线后引出。

3 继续在钩针上挂线引出，完成1针锁针，作为起立针。

4 将针插入环内，继续钩织所需针数的短针，完成第1圈。

5 将钩针抽出，先拉紧线头1，接着拉紧线头2。

6 第1圈结束时，将钩针插入起针的第1个短针顶部，挂线引出。

从中心开始进行环形钩织时
（锁针制作线环起针）

1 钩织所需针数的锁针，在起始的锁针的半针处入针，挂线引出。

2 在针上挂线后引出，1针起立针便完成了。

3 将钩针插入环内，把锁针整束挑起，钩织所需针数的短针。

4 第1圈结束时，将钩针插入起针的第1个短针顶部，挂线引出。

往返钩织时

1 钩织所需针数的锁针和起立针，然后将钩针插入倒数第2个锁针的半针内，挂线引出。

2 在针上挂线后，按照箭头所示方向引出。

3 第1行完成后的状态（起立针不算做1针）。

锁针的识别方法

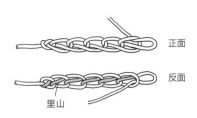

正面

反面

里山

锁针有正反两面。反面中间突出的一根线，称为锁针的"里山"。

在上一行挑针的方法

 在1个针脚中钩织

 将锁针整束挑起钩织

1   2

1   2

根据符号的不同，即使是相同的枣形针挑针方式也不同。符号下方为密闭状态时，要在上一行的1个针脚处挑针，符号下方为镂空状态时，则要将上一行的锁针整束挑起进行钩织。

钩针编织符号

⬭ 锁针

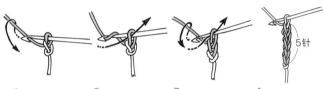

5针

1
起针后按照箭头所示方向转动钩针。

2
挂线，将线钩出。

3
按相同要领重复步骤**1**和**2**继续钩织。

4
5针锁针完成。

⬤ 引拔针

1
在上一行的针脚处入针。

2
在针上挂线。

3
将线一次性引拔钩出。

4
1针引拔针完成。

✕ 短针

1
在上一行的针脚处入针。

2
在针上挂线，朝着自己的方向扭动钩针，将线引出（此时称作"未完成的短针"）。

3
挂线，一次性引拔穿过2个线圈。

4
1针短针完成。

丅 中长针

1
针上挂线，在上一行的针脚处入针。

2
再挂线，然后朝着自己的方向扭动钩针，将线引出（此时称作"未完成的中长针"）。

3
针上挂线，一次性引拔穿过3个线圈。

4
1针中长针完成。

〒 长针

1
针上挂线，在上一行的针脚处入针，转动钩针将线引出。

2
按照箭头所示方向挂线，一次性引拔穿过前2个线圈（此时称作"未完成的长针"）。

3
再一次针上挂线，按照箭头所示方向将剩下的2个线圈一次性引出。

4
1针长针完成。

≢ 长长针

1
在针上绕2圈线，将钩针插入上一行的针脚内，针上挂线穿过线圈引出。

2
按照箭头所示方向挂线，一次性引拔穿过前2个线圈。

3
同样的步骤重复2次。※重复1次完成时的状态称为未完成的长长针。

4
1针长长针完成。

短针1针分2针

1 钩1针短针。

2 在同一个针脚处入针，挂线再钩1针短针。

短针1针分3针

3 此时为短针1针分2针完成后的状态。在同一针脚处再钩1针短针。

4 短针1针分3针完成。此时比上一行增加2针。

短针2针并1针

1 在上一行的针脚处入针，按照箭头所示方向挂线，将线引出。

2 在下1针处，用同样方法再挂线钩1针。

3 针上挂线，一次性引拔穿过钩针上的3个线圈。

4 短针2针并1针完成。此时比上一行针数减少1针。

长针1针分2针

※针数为2针以上及非长针的情况下，也使用相同的要领在上一行的针脚处钩入指定的针数。

1 钩1针长针，针上挂线后在同一针脚入针，再次将线引出。

2 针上挂线，一次性引拔穿过前2个线圈。

3 再次挂线，将剩余的2个线圈一次性引拔。

4 长针1针分2针完成。此时比上一行针数增加1针。

长针2针并1针
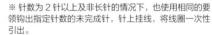

※针数为2针以上及非长针的情况下，也使用相同的要领钩出指定针数的未完成针，针上挂线，将线圈一次性引出。

1 在上一行中钩织1针未完成的长针（参照p.61），下一针按照箭头所示方向挂线入针再引出。

2 针上挂线，将2个线圈一次性引拔，钩第2针未完成的长针。

3 针上挂线，按照箭头所示方向一次性引拔穿过3个线圈。

4 长针2针并1针完成。此时比上一行针数减少1针。

锁针3针的狗牙拉针

※针数为3针以外的情况下，在步骤1时钩出指定针数的锁针后，也用同样的方法钩织。

1 钩3针锁针。

2 同时挑起短针的顶部半针和底部的1根线。

3 针上挂线，按照箭头所示方向将3个线圈一次性引拔拉出。

4 锁针3针的狗牙拉针完成。

长针3针的枣形针

针数为3针以外及非长针的情况下，也使用相同的要领在上一行的1针中钩入指定针数的未完成针，针上挂线，将线圈一次性引出。

1 在上一行的针脚处入针，钩1针未完成的长针（参照p.61）。

2 在同一个针脚处入针，继续钩2针未完成的长针。

3 针上挂线，一次性引拔穿过4个线圈。

4 长针3针的枣形针完成。

长针5针的爆米花针

※针数为5针以外的情况下，在步骤1钩入指定针数，使用相同的要领引拔钩织。

1 在上一行的同一针脚处钩5针长针，完成后暂时抽出钩针，按照箭头所示方向重新入针。

2 按照箭头所示方向将针上的线圈引出。

3 接着钩1针锁针，收紧线圈。

4 长针5针的爆米花针完成。

中长针3针的变形枣形针

1 在上一行的针脚处入针，钩3针未完成的中长针。

2 针上挂线，按照箭头所示方向先引拔穿过6个线圈。

3 再次针上挂线，将剩余的2个线圈一次性引拔。

4 中长针3针的变形枣形针完成。

短针的条纹针 ✕

※ 短针以外的条纹针，也使用相同的要领，挑起上一行针脚的外侧半针，钩入指定针法。

1 每一行都看着正面钩织。钩完1圈后在最初的针上引拔。

2 钩1针立起的锁针作为起立针，挑起上一行针脚的外侧半针，钩织短针。

3 重复步骤 **2** 继续钩织短针。

4 上一行留下的内侧半针呈现条纹状。图中为钩织第3圈短针的条纹针时的状态。

短针的棱针 ✕

※ 短针以外的棱针，也使用相同的要领，挑起上一行针脚的外侧半针，钩入指定针法。

1 按照箭头所示方向，在上一行的外侧半针处入针。

2 钩1针短针，下一针同样挑起外侧半针钩织。

3 钩至行末后翻转织片。

4 使用步骤 **1**、**2** 相同的方法，挑起外侧半针钩织短针。

外钩长针 ⌯

※ 长针以外的外钩针，也使用相同的要领在步骤 **1** 钩入指定针法。
※ 看着内侧进行往返钩织时，钩内钩针。

1 针上挂线，按照箭头所示方向从上一行长针的根部入针，挑起整束长针。

2 针上挂线，按照箭头所示方向将线稍稍拉长后引出。

3 再一次挂线，一次性引拔穿过2个线圈。重复同样的动作1次。

4 1针外钩长针完成。

内钩长针 ⌇

※ 长针以外的内钩针，也使用相同的要领在步骤 **1** 钩入指定针法。
※ 看着内侧进行往返钩织时，钩外钩针。

1 针上挂线，按照箭头所示方向从上一行长针根部的反面入针。

2 针上挂线，按照箭头所示方向从织片的另一侧引出。

3 将线稍稍拉长，再一次针上挂线，一次性引拔穿过2个线圈，重复同样的动作1次。

4 1针内钩长针完成。

卷针缝合

   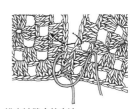

1 将两个织片正面朝上对齐，缝针分别穿过针脚顶部的2根线，起始和结尾各穿2次。

2 1针对应1针依次缝合。

缝合至边缘处的状态。

挑半针缝合的方法
将两个织片正面朝上对齐，缝针分别穿过外侧半针（顶部的1根线）。起始和结尾各穿2次。

引拔缝合

※ 除引拔针外的其他针法，也使用同样的要领，在两个织片上同时入针，钩入指定针法。

1 将两个织片正面相对（或反面相对）重叠，从顶部入针引出线，再一次针上挂线引拔引出。

2 钩针同时穿过下一针，针上挂线引拔钩出。重复这一步骤，依次引拔缝合每一针。

3 缝合结束，将线引出后剪断。

双锁针绳的钩织方法

1 预留绳子长度3倍的线头，钩出最初的1针。（线头）

2 将预留线头从前往后挂在钩针上。

3 针上挂线钩织线引出。

4 重复步骤 **2**、**3**，钩到所需针数。钩织结束时不挂预留线头，直接钩锁针。

日文原版图书工作人员

图书设计	后藤美奈子
摄影	小塚恭子（作品）
	本间伸彦（步骤、线材样品图）
造型	绘内友美
作品设计	池上舞 远藤裕美 冈鞠子 冈本启子
	镰田惠美子 河合真弓 沟端裕美
钩织方法解说	及川真理子 翼
绘图	小池百合穗 高桥玲子 中村亘
步骤协助	河合真弓
钩织方法校对	外川加代
策划、编辑	E&G创意（薮明子 成田爱留）

原文书名：かぎ針で編むおしゃれな巾着バッグ

原作者名：E&G CREATES

Copyright © eandgcreates 2020

Original Japanese edition published by E&G CREATES.CO.,LTD.

Chinese simplified character translation rights arranged with E&G CREATES.CO.,LTD.

Through Shinwon Agency Beijing Office.

Chinese simplified character translation rights © 2021 by China Textile & Apparel Press

本书中文简体版经日本E&G创意授权，由中国纺织出版社有限公司独家出版发行。

本书内容未经出版者书面许可，不得以任何方式或任何手段复制、转载或刊登。

著作权合同登记号：图字：01-2021-5605

图书在版编目（CIP）数据

钩编圆滚滚的毛线包袋／日本E&G创意编著；叶宇丰译. -- 北京：中国纺织出版社有限公司，2022.1

ISBN 978-7-5180-8835-5

Ⅰ.①钩… Ⅱ.①日… ②叶… Ⅲ.①包袋－钩针－编织－图集 Ⅳ.① TS935.521-64

中国版本图书馆 CIP 数据核字（2021）第 172978 号

责任编辑：刘茸 责任校对：王花妮 责任印制：王艳丽

中国纺织出版社有限公司出版发行

地址：北京市朝阳区百子湾东里 A407 号楼 邮政编码：100124

销售电话：010—67004422 传真：010—87155801

http://www.c-textilep.com

中国纺织出版社天猫旗舰店

官方微博 http://weibo.com/2119887771

北京华联印刷有限公司印刷 各地新华书店经销

2022 年 1 月第 1 版第 1 次印刷

开本：889×1194 1/16 印张：4

字数：116 千字 定价：49.80 元

凡购本书，如有缺页、倒页、脱页，由本社图书营销中心调换